●機械工学●
EKK-4

流体力学の基礎

宮内敏雄・店橋　護・小林宏充　共著

数理工学社

編者のことば

科学技術の進歩は激しいが，それは基盤・基礎技術によって支えられているといってよい．機械工学は，それ自身が先端技術にしのぎをけずりつつも産業界の基盤・基礎技術を大きく担っている分野である．

ITの進展に伴って様々なデータベースが活用できるようになり，授業におけるレポート作成までこれらのデータベース頼みになりつつある．また，私達の周りにある便利な機械もブラックボックス化して，機械の仕組みや原理に興味をもつことが少なくなっている．

何気ない現象でもつぶさに観察し，なぜそうなるのか，何かに応用できないかなど知的興奮を楽しむ習慣をもたせる仕組みが必要となっている．加えて，危機的状況にある地球環境問題の克服は，技術と人間の倫理・モラルに強く依存し，技術面では機械工学の分野が大きく寄与している．人間の倫理・モラル面については本ライブラリに組み込んでいないが，講義を通じて啓蒙してゆくことを教員にお願いしたい．

以上の背景に対応するためには，まず機械の分野の基礎となる技術（原理・原則）を学ぶ必要がある．種々の力学や機構学，材料工学などがこの領域に含まれる．

さらに，これらの基礎領域の原理を応用しながら物理現象の仕組みの解明とその利用を目指す情報処理や制御工学，メカトロニクスなどの領域を修得し，工学的視野を広げて欲しい．

技術を総合する領域には，国際化に対応できる設計・製図や設計法，加工プロセス，信頼性設計などが含まれる．特に，この領域は先人達の長い経験の積み重ねと有効な技術・技能の継承に基づいているので，理論化できないものも多くある．これへのチャレンジも知的興味の対象となろう．

人間によい技術，機械を提供することは機械工学に関わる研究者・技術者の任務であり夢である．それを叶えるための基本は学生の感性を磨き育てること

といえる．無機質な知識の蓄積よりも，ゴールに行き着くプロセスに興味を持ち，達成した喜びを享受できるように，演習問題を多く取り入れるように心掛けた．本ライブラリのコア科目，アドバンスト科目ともに教育に活用されることを望む．

2005 年 6 月

編者　塚田忠夫

「機械工学」書目一覧	
第 1 部	第 3 部
0　機械工学概論	A-1　新・工業力学
第 2 部	A-2　工業力学演習
1　基礎から学ぶ 機械力学	A-3　トライボロジー
2　材料力学	A-4　加工とプロセス
3　固体の弾塑性力学	A-5　生産管理工学
4　流体力学の基礎	A-6　計測と統計処理
5　粘性流体・圧縮流体	A-7　メカトロニクス
6　乱流	A-8　機械系のための 信頼性設計入門
7　熱力学	A-9　プロジェクト研究
8　伝熱工学	別巻
9　機械材料	別巻 1　機械設計・製図の実際
10　機械工学のための数値計算法基礎	別巻 2　新・演習 工業力学
11　機構学	別巻 3　新・演習 機械力学
12　制御工学	別巻 4　新・演習 材料力学
13　機械設計工学の基礎	別巻 5　新・演習 流体力学
14　機械設計・製図の基礎 [第 2 版]	別巻 6　新・演習 伝熱工学
	別巻 7　新・演習 機械製図

(A: Advanced)

まえがき

　大学で学ぶ目的のひとつは知識を得ることである．しかし，大学で学んだ知識は古くなり，新たな知識を学ぶことが必要となる．また，社会に出た場合，大学で学んだ専門以外の分野での活躍が求められることも多く，この場合も新しい分野の知識を身に付けることが必要となる．

　このようなことから，大学で学ぶ他の目的のひとつとして，自ら学ぶ方法を身に付けることをあげることができる．この場合，基礎教育や専門教育において知識を身に付けると同時に，知識を学ぶ方法論を身に付けることになる．学士論文研究，修士論文研究，博士論文研究は知識のみならず研究・開発の方法論を身に付ける上で良い機会になっている．

　本書では，流体力学の基礎となる完全流体力学に関する知識を身に付けると同時に，これを学ぶ上で必要となる物理的，数学的背景についても身に付けられるよう工夫されている．特に，「自然という書物は数学の言葉で書かれている」と言われるように，自然科学に基礎をおく分野を学ぶ際には数学的知識が必要となるが，大学初年度程度の数学的素養があれば読み進められるよう付録を含めて工夫されている．

　また，直観的イメージである物理モデルから数学モデルを構築することの重要性に鑑み，基礎方程式の物理的意味を明確にすることも目指している．

　本書を通して，流体力学の基礎についての知識を身に付けることを期待するとともに，自ら新しい分野を学ぶきっかけとなれば望外の幸せである．

2014 年 9 月　　　　　　　　　　　　　　　　　　　　　　　　　　　著者

目　　次

第1章
流体力学とは　　1
　1.1　流体の力学 …………………………………………… 2
　1.2　連続体力学 …………………………………………… 3
　1.3　流体に作用する応力 ………………………………… 5
　1.4　完全流体と粘性流体 ………………………………… 7
　1.5　圧　縮　性 …………………………………………… 8
　1章の問題 ………………………………………………… 9

第2章
完全流体の世界　　11
　2.1　流れを表す物理量 …………………………………… 12
　2.2　ラグランジュの方法とオイラーの方法 …………… 13
　2.3　オイラーの連続方程式 ……………………………… 16
　2.4　オイラーの運動方程式 ……………………………… 22
　2.5　運動量の流れ ………………………………………… 23
　2.6　状態方程式 …………………………………………… 28
　2章の問題 ………………………………………………… 30

第3章
流体の運動　　33
　3.1　流線，流跡線，流脈線 ……………………………… 34

目次

- 3.2 流体粒子の運動 …………………………………… 39
- 3.3 渦度と循環 …………………………………… 44
- 3.4 循環定理と渦定理 …………………………………… 47
- 3章の問題 …………………………………… 51

第4章

ベルヌーイの定理と流線曲率の定理　53

- 4.1 ベルヌーイの定理 …………………………………… 54
- 4.2 運動方程式の変形 …………………………………… 60
- 4.3 静水力学 …………………………………… 62
- 4.4 渦なし流れ …………………………………… 64
- 4.5 定常流れ …………………………………… 65
- 4.6 流線曲率の定理 …………………………………… 67
- 4章の問題 …………………………………… 69

第5章

速度ポテンシャルと流れ関数　71

- 5.1 速度ポテンシャル …………………………………… 72
- 5.2 流れ関数 …………………………………… 78
- 5.3 一様流とわき出し・吸い込み …………………………………… 81
- 5.4 2重わき出し …………………………………… 83
- 5.5 球を過ぎる一様流 …………………………………… 86
- 5章の問題 …………………………………… 88

第6章

2次元ポテンシャル流　89

- 6.1 複素速度ポテンシャル …………………………………… 90
- 6.2 簡単な2次元ポテンシャル流 …………………………………… 93
- 6.3 円柱に関する流れ …………………………………… 99
- 6.4 物体に働く力とモーメント …………………………………… 103

6.5	等角写像 …………………………………………	110
6.6	ジューコフスキー変換 …………………………	112
6章の問題 ……………………………………………		116

付録

117

A.1	ベクトル解析の復習 ……………………………	117
A.2	等エントロピー変化 ……………………………	118
A.3	テンソル解析 ……………………………………	120
A.4	複素関数 …………………………………………	127

問題略解　　　　　　　　　　　　　　　　　　　130

参考文献　　　　　　　　　　　　　　　　　　　144

索　引　　　　　　　　　　　　　　　　　　　　146

第1章

流体力学とは

　本章では流体の力学と固体の力学の違い，連続体力学，流体に作用する応力，完全流体，粘性流体，圧縮性流体などについて説明する．連続体の概念は非常に重要な概念であり，流体力学のみならず，固体力学，熱力学などの基礎となる概念である．連続体では物理量が連続関数となるため，微分可能であり，質量保存式，運動量保存式，エネルギー保存式などを微分方程式により表すことができる．

> 1.1　流体の力学
> 1.2　連続体力学
> 1.3　流体に作用する応力
> 1.4　完全流体と粘性流体
> 1.5　圧縮性

1.1 流体の力学

　流体力学とは流体の力学のことであるが，流体の力学と固体の力学はどこが違うのであろうか．氷を加熱すると水になり，さらに加熱すると水蒸気になる．氷はそれ自身決まった形を持つのに対して，水や水蒸気はそれ自身決まった形を持たない．水や油などの液体は容器次第でどんな形にもなりうるが，体積はほぼ一定に保たれる．これに対して，水蒸気や空気などの気体は，形だけでなく体積も容易に変化しうる．

　多くの固体の場合，**応力**と**歪み**には比例関係が成立するが，気体と液体の場合，ごくわずかな力を加えるだけでどんな大きな変形も引き起こすことができる．このような共通の性質を持つ気体と液体に関する力学が流体力学である．

　我々の周りには，水や空気など多くの流体があり，我々はこれらの流体との相互作用の中で生きていると言うこともできる．例えば，航空機は翼の周りに生じる流れを利用して**揚力**を得ており，自動車や新幹線の空気抵抗を減らすことはエネルギー有効利用の観点からも非常に重要である．また水車や風車を用いて自然エネルギーを回収することもできる．さらに台風や竜巻などの運動は流体力学により説明可能であり，流体力学的観点から気象を予測することも行われている．

　流体力学の歴史は古く，粘性流体の運動量保存式であるナビエ・ストークス方程式は 1800 年代に確立されている．しかし，運動量保存式の有する非線形性と散逸性のために，現象の解明は困難であり，特に乱流に関しては現在でも未解明な点が多く残されている．また，流体力学との関連で，カオス，ソリトンなどの最新の理論も見出されている．

1.2 連続体力学

気体や液体も分子あるいは原子により構成されており，分子スケールで考えれば，物理的性質は極めて複雑に変化している．しかし，十分な数の分子を含む微小な体積 V を考え，この体積についての平均をとればその値は連続関数として扱うことができる．このように分子構造を平均化して得られる連続的な物理的性質を持つ物質を**連続体**と呼ぶ．流体力学では流体を連続体として取り扱う．0 °C，1 気圧の空気を考えた場合，$1\,\text{cm}^3$ 中に 2.69×10^{19} 個の分子が含まれており，一辺が $1\,\mu\text{m}$ の立方体でも 2.69×10^7 個の分子が含まれていることから，空気を連続体と見なしてよいことが分かる．ただし，圧力が低くなり，分子の**平均自由行程** l（分子が衝突する間に移動する平均距離）が対象としている流れ場の代表長さ L と同程度になると気体を連続体と見なすことはできなくなり，気体分子運動論を用いることが必要となる．図 1.1 は，分子を直径 d の剛体球とみなし，分子 A のみ速度 u で移動し，他の分子は静止しているとした場合の，単位時間に分子 A が移動する距離を軸の長さとする円筒内での分子の衝突の様子を表している．分子 A は単位時間に半径 d，長さ u の円筒内に中心が存在する分子と衝突すると考えることができるので，平均自由行程 l は近似的に次式で与えられる．

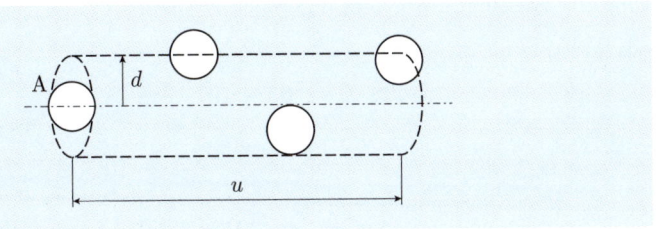

図 1.1 分子の衝突

$$l = \frac{1}{\sqrt{2}\,\pi n d^2} \tag{1.1}$$

ここで n は単位体積中の分子数または原子数であり，d は分子または原子の直径である．

平均自由行程 l と流れ場の代表長さ L の比，

$$Kn = \frac{l}{L} \tag{1.2}$$

は**クヌーセン数**と呼ばれ，希薄気体の流れを考える上で重要なパラメータである．クヌーセン数が 0.2 以下の場合，気体を連続体と見なすことができる．クヌーセン数が増加し 1 程度になった場合，気体を連続体と見なしてよいが，固体壁から平均的に $(2/3)l$ 離れた位置にあり壁に平行な方向の運動量を持つ分子ないし原子が直接固体壁と衝突するため，固体壁の速度と流速の間にすべりを生じる．このような流れは**すべり流**と呼ばれている．また，クヌーセン数が 1 に比べて十分大きな場合，流れ場の代表長さ L にわたって分子衝突が起こらないため，空間を自由に運動する分子の集団と見なすことができる．このような流れは**自由分子流**と呼ばれ，気体分子運動論による扱いが必要となる．

■ 例題 1.1

0 ℃，1 気圧の空気の平均自由行程を求めてみよう．ただし，分子を剛体球とみなしたときの分子の直径 d は 3.72×10^{-8} [cm] とする．

【解答】 体積 22.4×10^3 [cm^3] の空気中にアボガドロ数つまり 6.02×10^{23} 個の分子があるので，密度 n は 0.269×10^{20} [cm^{-3}] となる．式 (1.1) より，平均自由行程 l は

$$l = 6.05 \times 10^{-6} \text{ [cm]}$$

となる． ■

1.3 流体に作用する応力

連続体の中に図 1.2 に示すような 1 つの平面 S を考える．その両側にある連続体は S を通じて互いに力を及ぼし合っているが，その力を単位面積あたりに換算したものが**応力**である．平面 S 上の点 P を含むような単位面積をとり，これを通して両側の部分に及ぼし合う力について考える．この力は平面 S の選び方によって変化する．

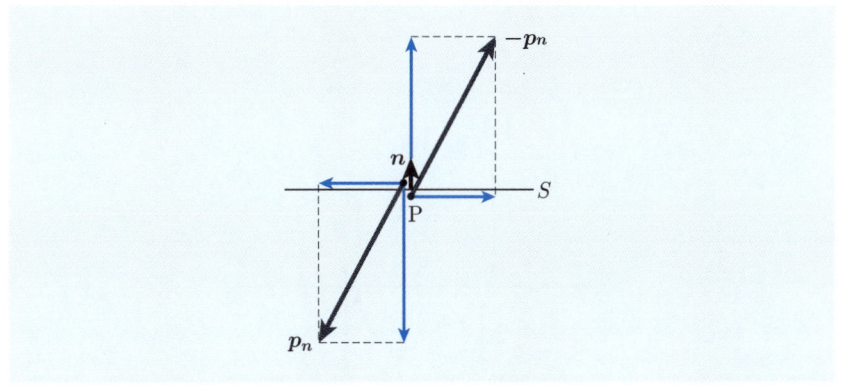

図 1.2 流体に作用する応力

平面 S はその法線方向の単位ベクトル（**法線ベクトル**）n により一義的に決定されるので，この力を p_n と表すと，p_n は大きさと方向を持っていることからそれ自身ベクトルであり，さらに平面 S の方向 n にも依存する．すなわち，p_n は 2 つの方向と 1 つの大きさによって決まる**テンソル**（付録 A.3 節参照）である．図 1.2 において，p_n はその平面 S の正の側（法線 n の正の方向にある連続体の部分）が負の側に及ぼす力であるが，作用反作用の法則により，S の負の側は大きさが等しく方向が反対の力を正の側に及ぼしている．

図 1.3 に示すように応力を平面 S の法線方向と接線方向に分解したものをそれぞれ**法線応力**および**接線応力**と呼ぶ．図 1.4 に示すように法線応力が，面の両側の部分を互いに引っ張り合うような力の場合これを**張力**といい，互いに押し合うような場合これを**圧力**という．

1.1 節でも説明したように，流体にはごくわずかな力を加えただけでどんな大

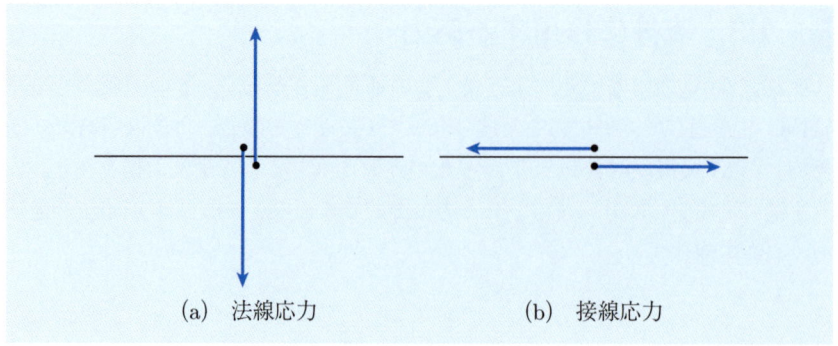

図 1.3　法線応力と接線応力

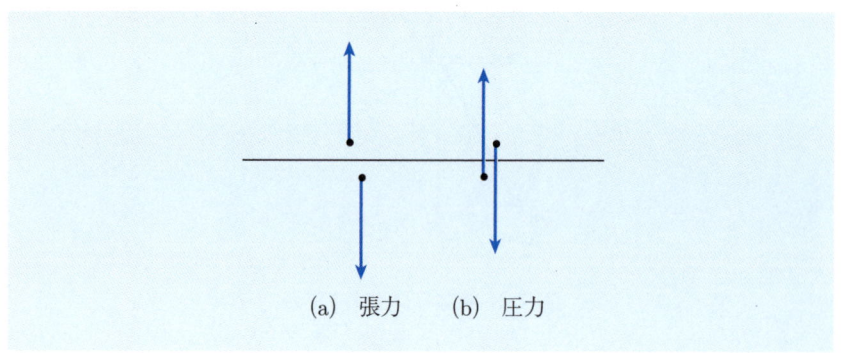

図 1.4　張力と圧力

きな変形も引き起こすことができるという性質があるため，静止状態の流体には接線応力は現れない．また，法線応力が張力であれば，その面で流体は2つに分かれ，あとに真空部分（液体の場合には蒸気からなる部分）が形成されるはずであり，これも静止状態に反する．このようなことから静止状態の流体には接線応力は現れず，かつ法線応力は圧力であることが分かる．以上の議論において静止状態という仮定が重要である．流体が運動している場合，接線応力は必ずしもゼロではなく，超音波の作用を受ける液体やキャビテーションが生じる場合には，液体中に張力が発生して気泡が形成される場合もある．また，静止状態，運動状態を問わず，接線応力がゼロであれば法線応力は考える面の選び方に無関係な一定値となる．

1.4 完全流体と粘性流体

静止状態にある流体の応力は圧力というただ一つの量で表されるが，運動中の流体には接線応力が常に現れる．バケツに水を入れ，静かに放置すると水は静止する．その後，図1.5に示すように中心軸周りにバケツを回転すると最初静止していた水は器壁に引きずられて運動を始め，ついにはバケツと一体となって剛体回転を始める．このことは運動中の流体には接線応力が生じることを示している．水の代わりに油のような粘い液体を用いると，バケツの回転は直ちに液体に伝わる．すなわち粘い流体では接線応力は大きく，サラサラした流体では接線応力は小さい．流体の運動中に接線応力が現れるのは流体が**粘性**を持つからであり，このような流体を**粘性流体**と呼ぶ．

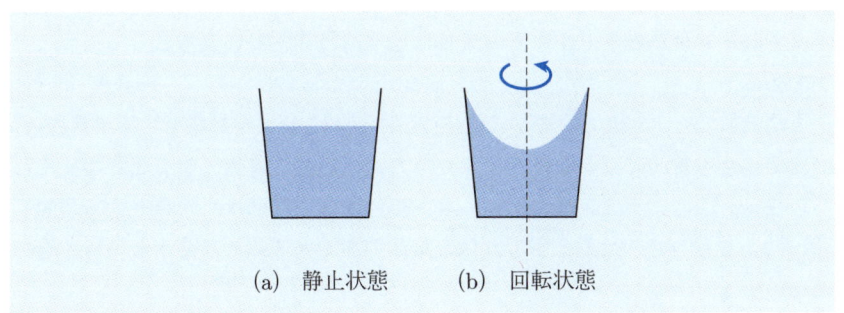

図 1.5　静止状態と回転状態

水や空気のようなサラサラした流体の場合，近似的に接線応力の存在を無視できる場合がある．このように理想化された流体が**完全流体**であり，運動中の完全流体には接線応力は現れない．完全流体は自然界には存在しないが，完全流体の力学によって翼の揚力，波の問題や水槽の流出口からの流れなど現実の流れが十分な精度で記述できる場合がある．しかし完全流体の力学に固執すると

(1) 完全流体の中を等速運動する物体には抵抗が働かない（**ダランベールのパラドックス**）

(2) 完全流体中では渦は不生不滅である（**ラグランジュの渦定理**）

などのような現実とは異なる結論が得られる場合があるので注意が必要である．

1.5 圧 縮 性

　これまでの議論は気体と液体の区別なしに行われており，上述の議論により気体と液体の運動を一括して扱える場合があることが分かる．しかし，液体には圧力変化に伴う体積変化が極めて小さいという特徴があり，密度が一定に保たれると仮定できる場合が多い．これに対して気体には，圧力変化に伴う体積変化が比較的大きいという特徴があり，必ずしも密度が一定に保たれるわけではない．

　密度が一定不変に保たれるという理想化を行った流体が**非圧縮性流体**であり，密度が変化する（圧縮性を持つ）流体が**圧縮性流体**である．

　実在の気体でも，運動中に気体内部に生ずる圧力変化が小さければ密度変化も小さく，非圧縮性流体として扱うことができる．例えば，流速と**音速**の比で定義される**マッハ数**が 0.3 以下の流れは近似的に非圧縮性流体として扱うことができる．

　また液体でも，ソナーのように液体内部を伝わる音波を対象とする場合には，密度変化が本質的に重要な役割を果たすため，圧縮性流体として扱わなくてはならない．このように圧縮性流体，非圧縮性流体の区別は，対象とする現象の違いによるもので，対象とする流体が気体であるか液体であるかということではない．

　圧縮性流体中に微少な圧力上昇が生じると，この圧力上昇は音波の速度である音速で伝播する．圧力上昇の背後では断熱圧縮のため温度が上昇し，音速は絶対温度の平方根に比例して増加するため，このような微少な圧力上昇が続いて生じると，後方の圧力上昇は前方の圧力上昇に追いつき，最終的に衝撃波と呼ばれる不連続な圧力上昇が生じる．流速が音速よりも早い超音速流において，衝撃波は重要な役割を果たす．

1 章 の 問 題

☐ **1** 流体力学が重要な役割を果たしていると思われる身近な現象を取り上げ，それらに対して流体力学の観点から考察を加えてみよう．

☐ **2** キャビテーションについて調べ，その発生原因，機器などに与える影響について調査してみよう．

☐ **3** 粘性が重要な役割を果たしていると思われる身近な現象を取り上げ，それに対して流体力学の観点から考察を加えてみよう．

☐ **4** 圧縮性が重要な役割を果たしていると思われる身近な現象を取り上げ，それに対して流体力学の観点から考察を加えてみよう．

第2章

完全流体の世界

　実在の気体，液体の持つ性質のうち粘性の効果を無視した最も単純化されたものが完全流体である．航空機や船舶に関する流体力学や波の研究において非圧縮性完全流体は重要な役割を果たしてきた．航空機の翼に働く揚力がクッタ-ジューコフスキーの定理により十分な精度で記述できるのはその一例である．本章では完全流体を支配する基礎方程式を導出し，運動量の流れという流体力学における重要な概念について説明する．

> 2.1 流れを表す物理量
> 2.2 ラグランジュの方法とオイラーの方法
> 2.3 オイラーの連続方程式
> 2.4 オイラーの運動方程式
> 2.5 運動量の流れ
> 2.6 状態方程式

2.1 流れを表す物理量

流体の運動を記述するに必要な物理量について考える．まず流体の速度は3成分 (u, v, w) であり，応力の分布状況は完全流体の場合，圧力 p で決定される．その他の物理量として密度 ρ，温度 T などがあり，以上をまとめると，

(a) 運動学的な量：流速 $\boldsymbol{v}(u, v, w)$
(b) 熱力学的な量：圧力 p，密度 ρ，温度 T など

となる．このうち (b) に属する量は互いに独立ではなく，2つの量を与えれば他の量は完全に決まってしまう．以上から独立な未知変数は5つとなるが，これを決定するために**質量保存の法則**，**運動量保存の法則**，**エネルギー保存の法則**を用いる．**質量保存式**は1つであり，**運動量保存式**は3方向成分の3つ，**エネルギー保存式**は1つであり，5つの未知量に対して5つの方程式が与えられ，未知量を決定することができる．

以降，ベクトル解析を用いた記述が出てくるので，付録 A.1 節を参照してベクトル解析の復習をしておくこと．

コラム：質点系と連続体

質点系の力学において，質点の質量を m，速度ベクトルを $\boldsymbol{v}$，質点に作用する力のベクトルを $\boldsymbol{f}$ とすると，ニュートンの運動方程式は

$$\frac{dm\boldsymbol{v}}{dt} = \boldsymbol{f}$$

となる．$m\boldsymbol{v}$ は質点の運動量であり，運動量の時間的変化が力に等しいことを示している．

連続体の場合，連続体内に応力が生じ，圧力も作用する．その結果，2.5 節の式 (2.44) に示される

$$p\boldsymbol{n} + \rho\boldsymbol{v}v_n$$

なる運動量の流れが生じ，連続体の運動量保存式は，加速度項が外力項と運動量の流入項の和とバランスすることを表す2.5 節の式 (2.35) となる．定常状態では加速度項がゼロとなるため，外力項と運動量の流入項の和はゼロである．

2.2 ラグランジュの方法とオイラーの方法

流体の運動を記述するための基礎方程式を導く際に用いられる方法として**ラグランジュの方法**と**オイラー**の方法がある．ラグランジュの方法は流体を無数の流体粒子の集まりと考え，各流体粒子の運動を調べる方法である．図 2.1 に示すように，例えば時刻 $t=0$ に座標 $\boldsymbol{r}_0(a,b,c)$ の点にあった流体粒子が，任意の時刻 t に座標 $\boldsymbol{r}(x,y,z)$ の点に来ているとすれば，x, y, z は a, b, c, t の関数として，

$$x = f_1(a,b,c,t) \tag{2.1}$$

$$y = f_2(a,b,c,t) \tag{2.2}$$

$$z = f_3(a,b,c,t) \tag{2.3}$$

と表され，f_1, f_2, f_3 の関数形が分かれば，流体の運動を完全に知ることができ

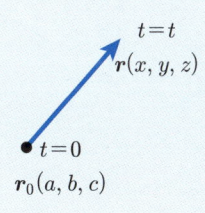

図 2.1　ラグランジュの方法

る．$\boldsymbol{r}_0(a,b,c)$ は**物質座標**と呼ばれている．流体粒子の位置ベクトルを $\boldsymbol{r}(x,y,z)$ とすると，その時間微分は流速ベクトル $\boldsymbol{v}(u,v,w)$ を与える．すなわち，

$$\boldsymbol{v} = \frac{\partial \boldsymbol{r}}{\partial t} \tag{2.4}$$

または，

$$(u,v,w) = \left(\frac{\partial x}{\partial t}, \frac{\partial y}{\partial t}, \frac{\partial z}{\partial t}\right) \tag{2.5}$$

となる．ここで，$\partial/\partial t$ は物質座標 (a,b,c) を一定に保っての時間微分である．式 (2.4) をさらに t で偏微分すれば，流体粒子の加速度ベクトル $\boldsymbol{\alpha}$ が次のよう

に得られる．

$$\boldsymbol{\alpha} = \frac{\partial \boldsymbol{v}}{\partial t} = \frac{\partial^2 \boldsymbol{r}}{\partial t^2} = \left(\frac{\partial^2 x}{\partial t^2}, \frac{\partial^2 y}{\partial t^2}, \frac{\partial^2 z}{\partial t^2}\right) \tag{2.6}$$

別の見方としてオイラーの方法がある．任意の時刻 t において，図 2.2 に示すように，空間の各点 $\boldsymbol{r}(x,y,z)$ で流速 $\boldsymbol{v}$，圧力 p，密度 ρ などがどのような値を示すかが分かれば，流れの様子を知ることができる．このように流れを表す物理量を x, y, z, t の関数として調べるのがオイラーの方法である．ラグランジュの方法が粒子的な立場を取るのに対して，オイラーの方法は場の立場をとるということができる．変数 x, y, z はオイラーの方法では独立変数であるが，ラグランジュの方法では従属変数である．流れに沿っての時間的な変化を表す時間微分は**ラグランジュ微分**あるいは**物質微分**と呼ばれ，D/Dt で表される．ラグランジュの方法の場合，D/Dt は $\partial/\partial t$ となる．

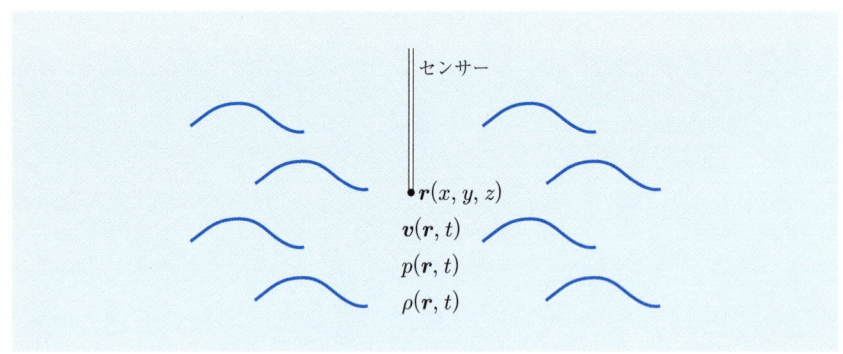

図 2.2 オイラーの方法

オイラーの方法の場合，D/Dt はどのように表されるのであろうか．物理量 G がオイラーの方法で与えられているものとする．流速を $\boldsymbol{v}(u,v,w)$ とした場合，時刻 t に点 $\boldsymbol{r}(x,y,z)$ にあった流体粒子は，時刻 $t+\varDelta t$ には点 $\boldsymbol{r}+\boldsymbol{v}\varDelta t$ に来ている．それゆえ $\varDelta t$ 時間内の G の変化を $\varDelta G$ と書けば，

$$\varDelta G = G(x+u\varDelta t,\ y+v\varDelta t,\ z+w\varDelta t,\ t+\varDelta t) - G(x,y,z,t)$$
$$= \frac{\partial G}{\partial t}\varDelta t + \frac{\partial G}{\partial x}u\varDelta t + \frac{\partial G}{\partial y}v\varDelta t + \frac{\partial G}{\partial z}w\varDelta t + O\bigl((\varDelta t^2)\bigr)$$

となる．高次の項を無視すると G の時間的変化の割合は

2.2　ラグランジュの方法とオイラーの方法

$$\begin{aligned}\frac{DG}{Dt} &= \lim_{\Delta t \to 0} \frac{\Delta G}{\Delta t} \\ &= \frac{\partial G}{\partial t} + u\frac{\partial G}{\partial x} + v\frac{\partial G}{\partial y} + w\frac{\partial G}{\partial z}\end{aligned} \tag{2.7}$$

となる．このようにラグランジュ微分をオイラー的な微分で表すことができる．

物理量 G は任意であるから，これを除いて微分演算記号のみで表すと，

$$\begin{aligned}\frac{D}{Dt} &= \frac{\partial}{\partial t} + u\frac{\partial}{\partial x} + v\frac{\partial}{\partial y} + w\frac{\partial}{\partial z} \\ &= \frac{\partial}{\partial t} + \boldsymbol{v} \cdot \mathrm{grad} \\ &= \frac{\partial}{\partial t} + \boldsymbol{v} \cdot \nabla\end{aligned} \tag{2.8}$$

となる．ここで

$$\mathrm{grad} = \nabla = \left(\frac{\partial}{\partial x}, \frac{\partial}{\partial y}, \frac{\partial}{\partial z}\right)$$

であり，$\boldsymbol{v} \cdot \mathrm{grad} = \boldsymbol{v} \cdot \nabla$ は流速ベクトル $\boldsymbol{v}$ と勾配演算子 ∇ との内積である．式 (2.7) の G として x, y, z をとれば，

$$\begin{aligned}\frac{Dx}{Dt} &= \frac{\partial x}{\partial t} + u\frac{\partial x}{\partial x} + v\frac{\partial x}{\partial y} + w\frac{\partial x}{\partial z} = u \\ \frac{Dy}{Dt} &= v, \quad \frac{Dz}{Dt} = w\end{aligned} \tag{2.9}$$

となり，$\boldsymbol{r}(x,y,z)$ のラグランジュ微分は流速 $\boldsymbol{v}$ となる．また，流速 $\boldsymbol{v}$ のラグランジュ微分は加速度 $\boldsymbol{\alpha}$ となり，次のように表される．

$$\begin{aligned}\boldsymbol{\alpha} &= \frac{D\boldsymbol{v}}{Dt} \\ &= \frac{D^2\boldsymbol{r}}{Dt^2} \\ &= \frac{\partial \boldsymbol{v}}{\partial t} + u\frac{\partial \boldsymbol{v}}{\partial x} + v\frac{\partial \boldsymbol{v}}{\partial y} + w\frac{\partial \boldsymbol{v}}{\partial z}\end{aligned} \tag{2.10}$$

時間的に変化しない流れ ($\partial \boldsymbol{v}/\partial t = 0$) でも空間的に速度が変化すれば，加速度はゼロでないことに注意が必要である．

2.3 オイラーの連続方程式

図 2.3 に示すように流れの中の空間に固定された微小直方体を考える．微小直方体の各面は各座標軸に垂直であり，中心座標は $(x+\delta x/2, y+\delta y/2, z+\delta z/2)$，稜の長さをそれぞれ δx, δy, δz とする．x 軸に垂直な 2 つの面のうち原点に近い面を通して時刻 t から $t+\delta t$ の間に微小直方体に流入する流体の質量は密度を ρ とすると

$$\rho(x,y,z,t)u(x,y,z,t)\delta y\,\delta z\,\delta t = \rho u\,\delta y\,\delta z\,\delta t \tag{2.11}$$

となる．また，x 軸に垂直な 2 つの面のうち原点から遠い面を通して時刻 t から $t+\delta t$ の間に微小直方体を流出する流体の質量は

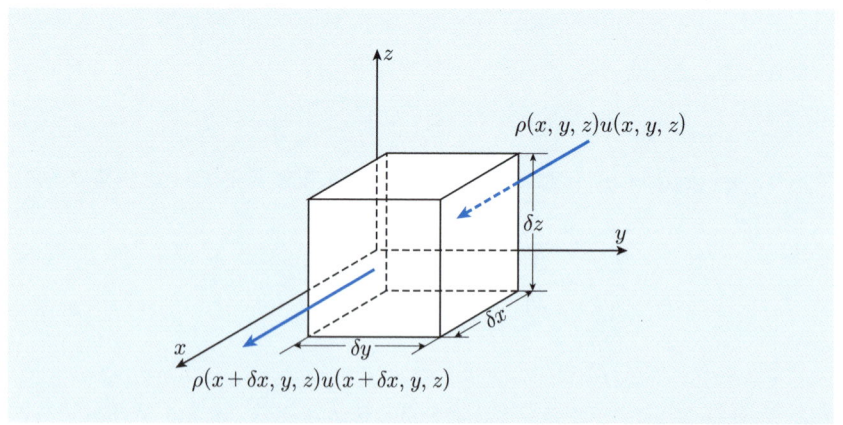

図 2.3 微小直方体に流入する質量

$$\begin{aligned}
&\left\{\rho + \frac{\partial \rho}{\partial x}\,\delta x\right\}\left\{u + \frac{\partial u}{\partial x}\,\delta x\right\}\delta y\,\delta z\,\delta t \\
&= \left\{\rho u + u\frac{\partial \rho}{\partial x}\,\delta x + \rho\frac{\partial u}{\partial x}\,\delta x\right\}\delta y\,\delta z\,\delta t \\
&= \left\{\rho u + \frac{\partial \rho u}{\partial x}\,\delta x\right\}\delta y\,\delta z\,\delta t \\
&= \rho u\,\delta y\,\delta z\,\delta t + \frac{\partial \rho u}{\partial x}\,\delta x\,\delta y\,\delta z\,\delta t
\end{aligned} \tag{2.12}$$

2.3 オイラーの連続方程式

となる．流入量から流出量を引くことにより，x 軸に垂直な 2 つの面を通しての流入量は

$$-\frac{\partial \rho u}{\partial x} \delta x \, \delta y \, \delta z \, \delta t$$

となる．同様に y 軸に垂直な 2 つの面を通しての流入量は

$$-\frac{\partial \rho v}{\partial y} \delta x \, \delta y \, \delta z \, \delta t$$

z 軸に垂直な 2 つの面を通しての流入量は

$$-\frac{\partial \rho w}{\partial z} \delta x \, \delta y \, \delta z \, \delta t$$

となり，質量保存の法則からこれら流入量の総和は微小直方体の質量増加

$$\frac{\partial \rho}{\partial t} \delta x \, \delta y \, \delta z \, \delta t$$

に等しくなければならない．したがって

$$\begin{aligned}&\frac{\partial \rho}{\partial t} \delta x \, \delta y \, \delta z \, \delta t \\ &= -\frac{\partial \rho u}{\partial x} \delta x \, \delta y \, \delta z \, \delta t - \frac{\partial \rho v}{\partial y} \delta x \, \delta y \, \delta z \, \delta t - \frac{\partial \rho w}{\partial z} \delta x \, \delta y \, \delta z \, \delta t\end{aligned} \quad (2.13)$$

となる．両辺を $\delta x \, \delta y \, \delta z \, \delta t$ で割って式を変形すると，

$$\frac{\partial \rho}{\partial t} + \frac{\partial \rho u}{\partial x} + \frac{\partial \rho v}{\partial y} + \frac{\partial \rho w}{\partial z} = 0 \qquad (2.14)$$

となる．これが**オイラーの連続方程式**である．

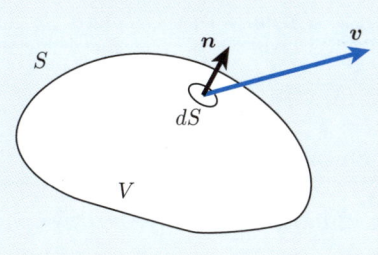

図 2.4　任意形状の領域

以上の式の導出において，微小直方体を対象としたが，図 2.4 に示すような任意形状の領域 V を対象とする場合には，どのように考えればよいのであろうか．上述の導出では，座標軸に垂直な面を考え，この面への流入量，この面からの流出量を考えた．任意形状の領域を対象にする場合には，領域 V の表面に微小面積要素 dS をとり，その面積要素に垂直で外向きの速度成分 v_n，密度 ρ と dS の積を求め，全表面積 S にわたって積分することにより，この領域からの流出量を求めることができる．また，面積要素に垂直で外向きの速度成分 v_n は速度ベクトル $\boldsymbol{v}$ と面積要素の外向き法線方向単位ベクトル $\boldsymbol{n}$ との内積 $\boldsymbol{v}\cdot\boldsymbol{n}$ として与えることができる．したがって S を通しての全流出量は

$$\iint_S \rho \boldsymbol{v}\cdot\boldsymbol{n}\,dS$$

となる．また，任意の時刻に領域 V に含まれる質量は流体の密度を ρ とすると，

$$\iiint_V \rho\,dV$$

となり，単位時間あたりの質量変化は

$$\frac{\partial}{\partial t}\iiint_V \rho\,dV$$

となる．この質量変化は S を通しての流出によって生じるから質量保存の法則により

$$\frac{\partial}{\partial t}\iiint_V \rho\,dV = -\iint_S \rho \boldsymbol{v}\cdot\boldsymbol{n}\,dS \tag{2.15}$$

となる．

領域 V として上で取り上げた微小直方体を対象とすると，

$$\iint_S \rho \boldsymbol{v}\cdot\boldsymbol{n}\,dS = \left(\frac{\partial \rho u}{\partial x}+\frac{\partial \rho v}{\partial y}+\frac{\partial \rho w}{\partial z}\right)\delta x\,\delta y\,\delta z \tag{2.16}$$

となる．そこで，式 (2.16) の両辺を $\delta x\,\delta y\,\delta z$ で割り，

$$\operatorname{div}\rho\boldsymbol{v} = \frac{1}{\delta x\,\delta y\,\delta z}\iint_S \rho\boldsymbol{v}\cdot\boldsymbol{n}\,dS \tag{2.17}$$

で $\operatorname{div}\rho\boldsymbol{v}$ という量を定義すると，式 (2.16) との比較から

$$\operatorname{div}\rho\boldsymbol{v} = \frac{\partial \rho u}{\partial x}+\frac{\partial \rho v}{\partial y}+\frac{\partial \rho w}{\partial z} \tag{2.18}$$

2.3 オイラーの連続方程式

となる．これをベクトル $\rho\bm{v}$ の**発散**という．発散という理由は，微小直方体内に流体のわき出し口がある場合，式 (2.17) の右辺の面積分が箱からの流体の単位時間あたりの発散量になっているからである．$\mathrm{div}\,\rho\bm{v}$ は微分演算子 ∇ とベクトル $\rho\bm{v}$ の内積を成分で表したものであることから，

$$\mathrm{div}\,\rho\bm{v} = \nabla \cdot \rho\bm{v}$$

と表すこともある．

これまで面積分は微小直方体の表面上で行われてきたが，これを図 2.4 に示すような任意形状の領域 V に適用するには，どのように考えればよいのであろうか．そのためには領域 V を図 2.5 のように微小な箱に分割して考えればよい．

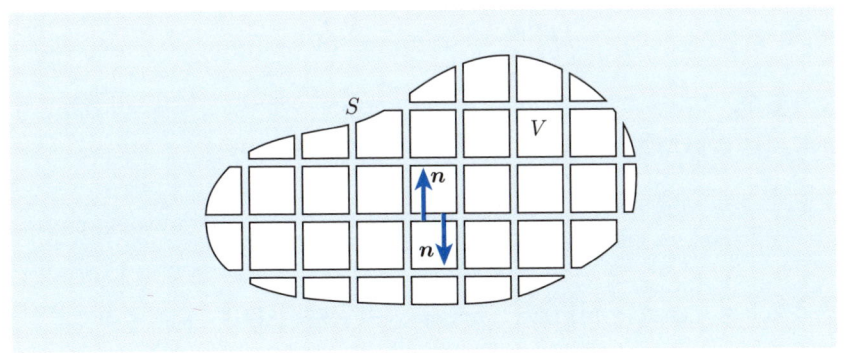

図 2.5 任意形状領域の分割

このように考えると，互いに隣り合う箱の接する面上では，面上に立てた外向き単位ベクトル $\bm{n}$ の方向は反対向きになっているため，その面上の面積分は互いに打ち消し合ってしまう．結果として残るのは相手のない面，すなわち全体の表面 S からの寄与だけが残り，

$$\iint_S \rho\bm{v} \cdot \bm{n}\,dS = \sum_i \iint_{S_i} \rho\bm{v} \cdot \bm{n}\,dS \tag{2.19}$$

となる．ここで右辺の面積分はそれぞれ微小な箱の表面上 S_i で行う．ただし，i は微小な箱の番号を表す．また，式 (2.17) から個々の微小な箱において

$$\iint_{S_i} \rho\bm{v} \cdot \bm{n}\,dS = \mathrm{div}\,\rho\bm{v}\delta x_i \delta y_i \delta z_i \tag{2.20}$$

となり，右辺の総和をとると，

$$\sum_i \operatorname{div} \rho \boldsymbol{v}\, \delta x_i\, \delta y_i\, \delta z_i = \iiint_V \operatorname{div} \rho \boldsymbol{v}\, dV \tag{2.21}$$

となる．式 (2.20) と式 (2.21) を式 (2.19) に代入すれば，

$$\iint_S \rho \boldsymbol{v} \cdot \boldsymbol{n}\, dS = \iiint_V \operatorname{div} \rho \boldsymbol{v}\, dV$$

となり，これを**ガウスの定理**という．ガウスの定理は面積積分を体積積分に変換する重要な定理である．式 (2.15) において，左辺の $\partial/\partial t$ を積分記号の中に入れ，右辺の面積積分をガウスの定理を用いて体積積分に変えると

$$\iiint_V \left(\frac{\partial \rho}{\partial t} + \operatorname{div} \rho \boldsymbol{v} \right) dV = 0 \tag{2.22}$$

となるが，この等式が任意の領域について成り立つためには被積分関数が恒等的にゼロでなければならない．すなわち

$$\frac{\partial \rho}{\partial t} + \operatorname{div} \rho \boldsymbol{v} = 0 \tag{2.23}$$

となる．これは式 (2.14) に示したオイラーの連続方程式と同じものである．また，

$$\begin{aligned}
\operatorname{div} \rho \boldsymbol{v} &= \frac{\partial \rho u}{\partial x} + \frac{\partial \rho v}{\partial y} + \frac{\partial \rho w}{\partial z} \\
&= \rho \frac{\partial u}{\partial x} + \rho \frac{\partial v}{\partial y} + \rho \frac{\partial w}{\partial z} + u \frac{\partial \rho}{\partial x} + v \frac{\partial \rho}{\partial y} + w \frac{\partial \rho}{\partial z} \\
&= \rho \operatorname{div} \boldsymbol{v} + \boldsymbol{v} \cdot \operatorname{grad} \rho
\end{aligned}$$

$$\frac{D\rho}{Dt} = \frac{\partial \rho}{\partial t} + \boldsymbol{v} \cdot \operatorname{grad} \rho \tag{2.24}$$

であるから，式 (2.23) は

$$\frac{D\rho}{Dt} + \rho \operatorname{div} \boldsymbol{v} = 0 \tag{2.25}$$

となる．非圧縮性流体の場合，$D\rho/Dt = 0$ であるので，式 (2.25) は

$$\mathrm{div}\,\boldsymbol{v} = 0 \tag{2.26}$$

となる．この場合，非定常流でも連続方程式は時間に依存しない．また，式 (2.26) を成分で書けば，

$$\frac{\partial u}{\partial x} + \frac{\partial v}{\partial y} + \frac{\partial w}{\partial z} = 0 \tag{2.27}$$

となる．式 (2.26), (2.27) は時間的，空間的に密度が一定の流体だけでなく，例えば拡散が無視できる場合の塩分濃度が異なる海水の運動にも適用できる．

■ **例題 2.1**

非圧縮性流れにおいて，次式を満たす流れは存在するか調べよ．

$$u = Ax$$
$$v = -\frac{3}{2}Ay \quad (A: 定数)$$
$$w = \frac{1}{2}Az$$

【解答】 非圧縮性流れの連続方程式 (2.27) を満たすかどうか調べると

$$\frac{\partial u}{\partial x} + \frac{\partial v}{\partial y} + \frac{\partial w}{\partial z} = A - \frac{3}{2}A + \frac{1}{2}A$$
$$= 0$$

となり，この流れ場は存在する．

2.4 オイラーの運動方程式

ここではニュートンの第2法則を微小流体塊に適用することにより**オイラーの運動方程式**を導出する．質量 dm の微小流体塊に対してニュートンの第2法則は次のように表すことができる．

$$d\boldsymbol{F} = dm \frac{D\boldsymbol{v}}{Dt} \tag{2.28}$$

ここで $d\boldsymbol{F}$ は微小流体塊に作用する力である．微小流体塊として図 2.3 に示した微小直方体に含まれる流体を対象とすると，

$$dm = \rho\,\delta x\,\delta y\,\delta z$$

となる．また，速度のラグランジュ微分は式 (2.10) から

$$\frac{D\boldsymbol{v}}{Dt} = \frac{\partial \boldsymbol{v}}{\partial t} + u\frac{\partial \boldsymbol{v}}{\partial x} + v\frac{\partial \boldsymbol{v}}{\partial y} + w\frac{\partial \boldsymbol{v}}{\partial z}$$

となる．完全流体の場合，微小流体塊に作用する力は，圧力および外力となる．圧力は内向き法線方向に作用するため，x 方向に δx だけ離れた2つの面に働く圧力の差が圧力による x 方向の力となり，高次の微小量を無視すると次のように表される．

$$\{p(x,y,z,t) - p(x+\delta x, y, z, t)\}\delta y\,\delta z = -\frac{\partial p}{\partial x}\delta x\,\delta y\,\delta z \tag{2.29}$$

同様にして，y 軸，z 軸に垂直な面に働く圧力による力はそれぞれ，$(-\partial p/\partial y)\delta x\,\delta y\,\delta z$ および $(-\partial p/\partial z)\delta x\,\delta y\,\delta z$ となる．

また，単位質量に働く体積力を $\boldsymbol{F}(F_x, F_y, F_z)$ とすれば，微小流体塊に働く外力は $\rho\boldsymbol{F}\,\delta x\,\delta y\,\delta z$ となる．したがって，オイラーの運動方程式は，

$$\frac{Du}{Dt} = F_x - \frac{1}{\rho}\frac{\partial p}{\partial x}, \quad \frac{Dv}{Dt} = F_y - \frac{1}{\rho}\frac{\partial p}{\partial y}, \quad \frac{Dw}{Dt} = F_z - \frac{1}{\rho}\frac{\partial p}{\partial z} \tag{2.30}$$

または，

$$\begin{cases} \dfrac{\partial u}{\partial t} + u\dfrac{\partial u}{\partial x} + v\dfrac{\partial u}{\partial y} + w\dfrac{\partial u}{\partial z} = F_x - \dfrac{1}{\rho}\dfrac{\partial p}{\partial x} \\[4pt] \dfrac{\partial v}{\partial t} + u\dfrac{\partial v}{\partial x} + v\dfrac{\partial v}{\partial y} + w\dfrac{\partial v}{\partial z} = F_y - \dfrac{1}{\rho}\dfrac{\partial p}{\partial y} \\[4pt] \dfrac{\partial w}{\partial t} + u\dfrac{\partial w}{\partial x} + v\dfrac{\partial w}{\partial y} + w\dfrac{\partial w}{\partial z} = F_z - \dfrac{1}{\rho}\dfrac{\partial p}{\partial z} \end{cases} \tag{2.31}$$

となる．

2.5 運動量の流れ

前節の運動方程式の導出において，加速度というラグランジュ的な量を用いたが，オイラー的な考え方で運動方程式を導出することを考える．そのために図 2.4 に示した任意形状の領域 V を対象とする．領域 V に含まれる運動量は $\iiint_V \rho \boldsymbol{v}\, dV$ であり，その時間的な変化は単位時間あたり，

$$\frac{\partial}{\partial t} \iiint_V \rho \boldsymbol{v}\, dV \tag{2.32}$$

となる．この運動量の変化は，領域 V に含まれる流体に力が働くことと，流体が流れる際に運動量を伴うことによって生じる．流体内部の体積要素 dV には体積力 $\rho \boldsymbol{F}\, dV$ が，また表面の面積要素 dS には圧力 $-p\boldsymbol{n}\, dS$ が作用することは前節の説明からも明らかである．したがって領域 V 内の流体に働く合力は

$$\iiint_V \rho \boldsymbol{F}\, dV - \iint_S p\boldsymbol{n}\, dS \tag{2.33}$$

となる．次に流体が流れる際に運動量を伴うことによる運動量変化であるが，面積要素 dS を通して単位時間に流出する流体の体積は $v_n\, dS$ となる．ここで，v_n は dS に垂直な速度成分である．したがって流体が流れる際に流れに伴って流出する運動量は $\rho \boldsymbol{v} v_n\, dS$ となる．ゆえに表面 S を通って領域 V に流入する運動量は単位時間あたり

$$-\iint_S \rho \boldsymbol{v} v_n\, dS \tag{2.34}$$

となる．式 (2.32)，(2.33)，(2.34) をまとめると，運動量保存式は

$$\frac{\partial}{\partial t} \iiint_V \rho \boldsymbol{v}\, dV = \iiint_V \rho \boldsymbol{F}\, dV - \iint_S (p\boldsymbol{n} + \rho \boldsymbol{v} v_n)\, dS \tag{2.35}$$

となる．表記を簡単にするために任意のベクトル $\boldsymbol{A}(A_x, A_y, A_z)$ の成分を A_i ($i=1,2,3$) と書く．つまり $\boldsymbol{A} = (A_x, A_y, A_z) = (A_1, A_2, A_3)$ とする．すると式 (2.35) の i 成分は

$$\frac{\partial}{\partial t} \iiint_V \rho v_i\, dV = \iiint_V \rho F_i\, dV - \iint_S (p n_i + \rho v_i v_n)\, dS \tag{2.36}$$

となる．一般にベクトル解析の公式として

$$\iint_S Q n_i\, dS = \iiint_V \frac{\partial Q}{\partial x_i}\, dV \tag{2.37}$$

なる関係が成立する．$i=1$ の場合に，$n_1\,dS = n_x\,dS$ は表面の面積要素 dS を y–z 平面に射影したものであるから，式 (2.37) は

$$\iint_S Q\,dy\,dz = \iiint_V \frac{\partial Q}{\partial x}\,dx\,dy\,dz \tag{2.38}$$

となり，この等式は右辺を部分積分することにより直ちに求めることができる．また，速度の法線成分 v_n は

$$v_n = \boldsymbol{v}\cdot\boldsymbol{n} = \sum_{k=1}^{3} v_k n_k = v_k n_k \tag{2.39}$$

となる．ここで2度現れる添え字については総和をとるという**アインシュタインの総和規約**が用いられている．式 (2.37), (2.39) を用いて，式 (2.36) を変形すると，

$$\frac{\partial}{\partial t}\iiint_V \rho v_i\,dV = \iiint_V \rho F_i\,dV - \iiint_V \left\{\frac{\partial p}{\partial x_i} + \frac{\partial}{\partial x_k}(\rho v_i v_k)\right\}dV \tag{2.40}$$

となる．時間微分を積分記号の中に入れて整理し，被積分関数をゼロとおくと

$$\frac{\partial}{\partial t}(\rho v_i) = \rho F_i - \frac{\partial p}{\partial x_i} - \frac{\partial}{\partial x_k}(\rho v_i v_k) \quad (i=1,2,3) \tag{2.41}$$

これがオイラー的に導出された運動方程式である．

連続方程式 (2.23) を式 (2.41) に対応した形で書くと，

$$\frac{\partial \rho}{\partial t} = -\frac{\partial}{\partial x_k}(\rho v_k) \tag{2.42}$$

となる．また，

$$\frac{\partial}{\partial t}(\rho v_i) = \frac{\partial \rho}{\partial t} v_i + \rho \frac{\partial v_i}{\partial t}$$

$$\frac{\partial}{\partial x_k}(\rho v_i v_k) = \frac{\partial \rho v_k}{\partial x_k} v_i + \rho v_k \frac{\partial v_i}{\partial x_k}$$

を式 (2.41) に代入し，式 (2.42) を考慮すると，

$$\frac{\partial v_i}{\partial t} + v_k \frac{\partial v_i}{\partial x_k} = F_i - \frac{1}{\rho}\frac{\partial p}{\partial x_i} \quad (i=1,2,3) \tag{2.43}$$

となり，これは式 (2.31) に他ならない．

2.5 運動量の流れ

式 (2.35) の物理的意味について考えてみよう．右辺第 2 項は単位時間に表面 S を通して領域 V に流入する運動量であり，流れの中に任意の面積要素 dS をとると，dS を通して単位時間に

$$(p\boldsymbol{n} + \rho\boldsymbol{v}v_n)\,dS \tag{2.44}$$

の運動量の流れがあることを表している．ここで，$\boldsymbol{n}$ は面積要素の単位法線ベクトルであり，$\boldsymbol{n}$ の正の向き，つまり dS の裏側から表側に単位時間あたりに通過する運動量が式 (2.44) で与えられる．前述のように $\rho\boldsymbol{v}v_n\,dS$ は流体に伴って運ばれる運動量であり，これに対して $p\boldsymbol{n}\,dS$ は dS の裏側から $p\boldsymbol{n}$ なる圧力で押されることによる力積という形で伝わる運動量である．

■ 例題 2.2

図 2.6 に示すように，奥行き方向単位長さあたりの断面積が $A_n\,\mathrm{m}^2$ の 2 次元ノズルから水が水平に噴出され，その後垂直に置かれた奥行き方向単位長さあたりの面積が $A_p\,\mathrm{m}^2$ の平板に衝突している．ノズル出口における水の速度は $v\,\mathrm{m/s}$ であり，平板に衝突後，上下に均等に流れるものとする．このとき平板に作用する水平方向の力を求めよ．ただし，水の密度は $\rho\,\mathrm{kg/m}^3$ とする．

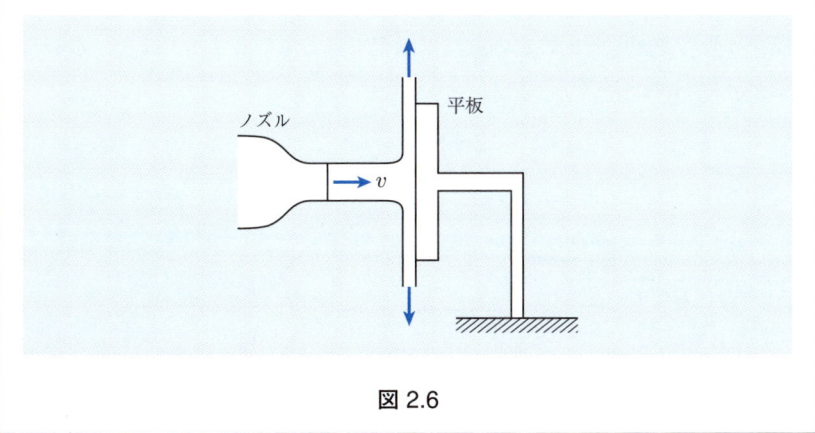

図 2.6

【解答】 図 2.7 に示すような検査体積をとる．この検査体積の表面のうち，大気に接する部分の圧力は大気圧に等しく一定であるから，この検査体積に出入りする運動量の流れは流れに伴って運ばれる運動量と平板の支持棒による反力 R_x

によるもののみとなる．定常状態を仮定できることから検査体積に入ってくる水平方向（x方向）の運動量の流れ$\rho v^2 A_n$と平板の支持棒による反力R_xの和はゼロに等しく，

$$\rho v^2 A_n + R_x = 0$$

となる．したがって，平板に作用する水平方向の力F_xは

$$F_x = -R_x = \rho v^2 A_n$$

となる． ■

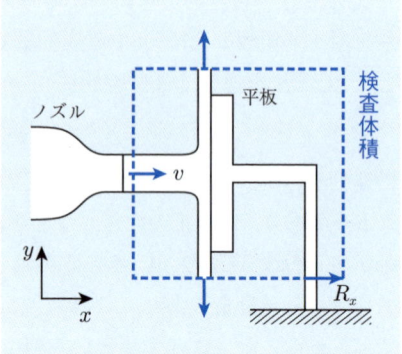

図 2.7

■ 例題 2.3

図 2.8 に示すような断面積が減ずる 90 度曲がり管内を水が定常的に流れている．曲がり管の入口において絶対圧はp_1 Pa，断面積はA_1 m^2，流速はv_1である．また，曲がり管の出口において断面積はA_2 m^2，流速はv_2 m/s であり，大気中（絶対圧力p_0 Pa）に放出されるものとする．曲がり管を静止させるのに必要なx方向およびy方向の力を求めよ．ただし，曲がり管と曲がり管内の水の重量は無視できるものとする．また，水の密度をρ kg/m^3 とする．

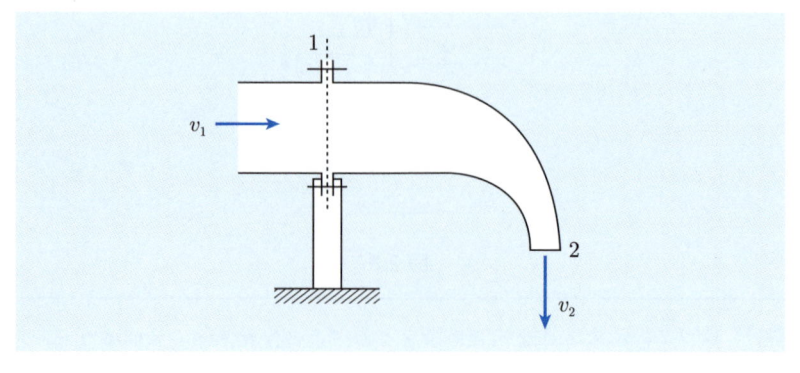

図 2.8

2.5 運動量の流れ

【解答】 図 2.9 に示されているような検査体積をとる．この検査体積の表面のうち，大気に接する部分の圧力は大気圧に等しく一定であるから，この検査体積から出入りする運動量の流れは流れに伴って運ばれる運動量と断面 1 に作用する圧力 $p_1 - p_0$（大気圧との差；ゲージ圧）によるもののみとなる．また，断面 1 における流速は

$$v_1 = v_2 \frac{A_2}{A_1}$$

となる．定常状態を仮定できることから検査体積に入ってくる水平方向（x 方向）の運動量の流れ $\rho v_1^2 A_1 + (p_1 - p_0)A_1$ と曲がり管を静止させるのに必要な x 方向の力 R_x の和はゼロに等しく

$$\rho v_1^2 A_1 + (p_1 - p_0)A_1 + R_x = 0$$

すなわち，

$$R_x = -\rho v_1^2 A_1 - (p_1 - p_0)A_1$$

となる．また検査体積に入ってくる垂直方向(y 方向)の運動量の流れ $-\rho v_2^2 A_2$ と曲がり管を静止させるのに必要な y 方向の力 R_y の和はゼロに等しく，

$$-\rho v_2^2 A_2 + R_y = 0$$

すなわち，

$$R_y = \rho v_2^2 A_2$$

となる． ■

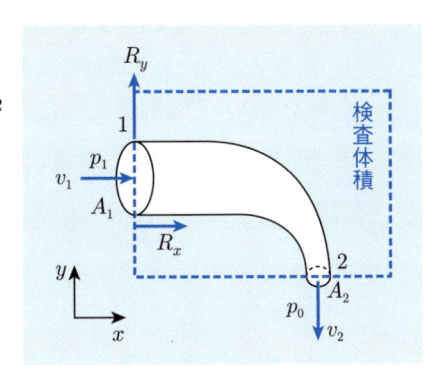

図 2.9

2.6 状態方程式

連続方程式 (2.25) と運動方程式 (2.31) で 4 つの方程式が得られ，もう 1 つエネルギー保存を表す方程式を用いれば u, v, w, p, ρ の 5 つの未知数を求めることができる．伝導，対流伝熱，ふく射伝熱など温度差に基づくエネルギー輸送に関連する問題や燃焼など化学反応による発熱を含む問題などを除いてエネルギー方程式を解くことはほとんどなく，運動の際の状態変化について何らかの仮定をおいて得られる p と ρ の間の関係式をエネルギー方程式の代わりに用いる場合が多い．このような場合について以下で説明する．

(1) 等温変化

外気温が一定で，熱伝導性の良い流体が比較的ゆっくり流れており，流体全体が熱平衡状態にあると仮定できる場合には，流体全体を通して温度は一定であると考えることができ，時間的に**等温変化**と仮定することができる．温度が一定であると，独立に変化しうる熱力学的変数は 1 つとなり，密度 ρ と圧力 p の間には関数関係が成立し，理想気体の場合，次の**ボイル-シャルルの法則**が成立する．

$$p = \frac{R_0}{M} \rho T = R \rho T \tag{2.45}$$

ここで，$R_0 = 8.314 \,[\mathrm{J/mol \cdot K}]$ は**一般気体定数**，M は分子量である．等温的な流れでは

$$p \propto \rho \tag{2.46}$$

なる**ボイルの法則**が求める関数関係である．

(2) 等エントロピー変化

熱力学の第 1 法則であるエネルギー保存の法則は，

$$\delta Q = dU + dK - \delta W \tag{2.47}$$

と表すことができる．ここで δQ は 1 つの系に流入する熱量，dU は系内の内部エネルギーの増加，dK は運動エネルギーの増加，δW は系になされた仕事である．ここで，U, K は状態変数としての意味を持つのに対し

て，Q，W はその増分，δQ，δW のみが意味を持つことに注意が必要である．

熱力学の第 2 法則より，準静的な変化に対して，δQ は

$$\delta Q = T\,ds \tag{2.48}$$

のように**エントロピー** s の全微分を用いて表すことができる．

気体の熱伝導率は一般的に低く，運動に際しての状態変化は断熱的と仮定することができる．この場合 $\delta Q = 0$ となり，準静的な変化に対して式 (2.48) より $ds = 0$，すなわち s は一定，つまり状態変化は**等エントロピー変化**となる．このとき独立な熱力学的変数は 1 つとなり，p と ρ との間には 1 つの関係式

$$p \propto \rho^{\gamma} \tag{2.49}$$

が成り立つ．ここで γ は**比熱比**を表す．この等エントロピー変化の関係式は付録 A.2 節において導出されている．

(3) バロトロピー流体

等温あるいは等エントロピー的な流れの場合，密度 ρ と圧力 p との間には物理的意味の明確な関数関係が存在する．一般に密度 ρ と圧力 p との間に何らかの関数関係が成立する流れを**バロトロピー流体**といい，この関数関係と連続方程式，運動方程式から流れの諸量を決定することができる．

2 章 の 問 題

□ **1** 2次元の非圧縮性流れにおいて x 方向の速度 u が
$$u = A(x^2 + xy) \quad (A: 定数)$$
と与えられるとき，y 方向の速度 v を x，y の関数として求めよ．ただし，$y=0$ において $v = Ax$ とする．

□ **2** 図 2.10 に示すように転向角 θ を有する 2 次元翼が静止した 2 次元ノズルから速度 V m/s で噴出する水を受けて，一定速度 U m/s で運動するものとする．奥行き方向単位長さあたりのノズルの断面積が A m^2 の場合に翼の支持部に働く力を求めよ．ただし，2 次元翼および 2 次元翼上の水の重量は無視できるものとする．また，水の密度を ρ kg/m^3 とする．

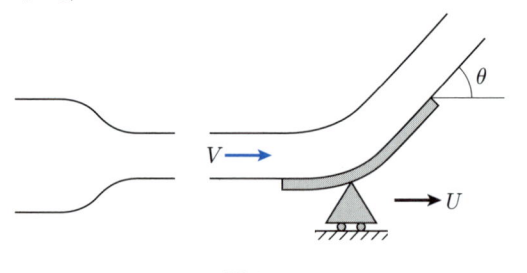

図 2.10

□ **3** 図 2.11 に示すように大気圧中で平板に角度 θ で斜めに水流が 2 次元的に衝突し，その後水流は平板に沿って 2 方向に分流しているものとする．重力の影響ならびに平板に働く摩擦力が無視できるものとし，奥行き方向には単位長さについて考える．衝突前後の流量，流速，噴流の幅をそれぞれ Q，Q_1，Q_2，v，v_1，v_2，b，b_1，b_2 として，y 方向に平板から噴流が受ける力 F_y，衝突後の流量 Q_1，Q_2，衝突力の作用点までの距離 l を求めよ．
（図は次ページ）

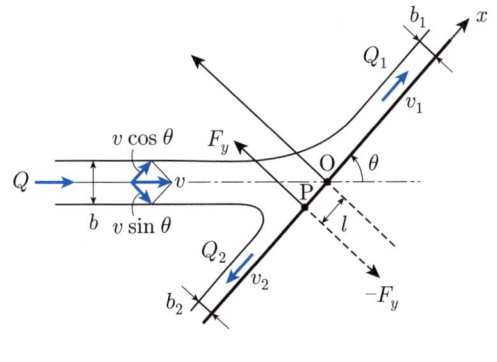

図 2.11

□ **4** 図 2.12 に示すような 2 次元的な物体を囲んで矩形の検査面 $AA'B'B$ をとる．境界面 BB' の中心付近で，物体後流に形成される伴流のために，流速は U_∞ よりも小さくなる．境界面 BB' での速度を u とする．入口における流れ方向に平行な境界面 AB, $A'B'$ を物体より十分離れてとると，そこでの x 方向の流速は物体の影響のない領域の流速 U_∞ に等しいと見なすことができる．また検査面上で圧力は一様であり，運動量への圧力の影響はないと考えることができる．このとき，AB および $A'B'$ を通る x 方向の運動量流束を求めよ．また物体に働く抗力 D を求めよ．ただし，奥行き方向の単位長さについて考え，流体の密度は ρ とし，AA' の長さを $2h$ とし，その中点を y 軸の原点とする．

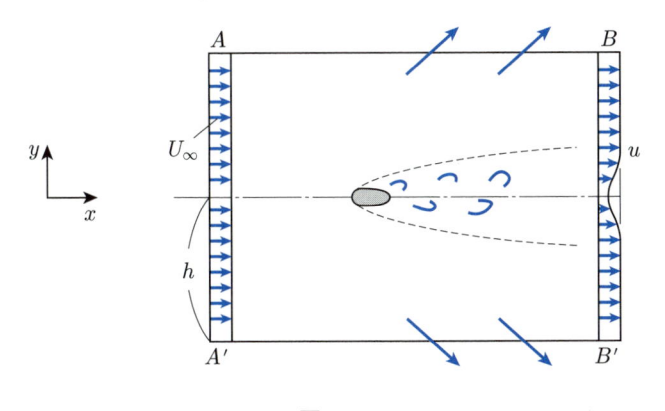

図 2.12

□ **5** 図 2.13 に示すように直径 d の円管が 90 度曲がっており，この中を流体が定常的に流れている．このとき曲管部に働く力 F_x, F_y を運動量流束の概念を用いて求めよ．ただし，エネルギー損失は無視できるものとする．

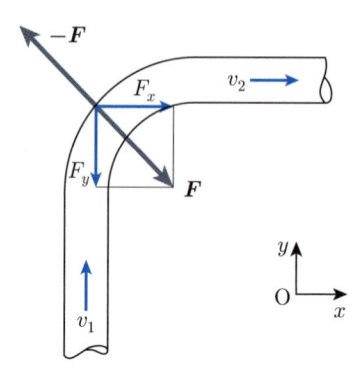

図 2.13

第3章

流体の運動

本章では,はじめに流体の運動を理解する上で重要な流線,流跡線,流脈線について説明する.続いてごくわずかな力を加えただけでどんな大きな変形も引き起こすことができるという流体の性質を表すために必要となる流体粒子の運動について述べる.さらに渦運動の理解に必要な渦度と循環について説明するとともに,循環定理と渦定理について述べる.

3.1 流線,流跡線,流脈線
3.2 流体粒子の運動
3.3 渦度と循環
3.4 循環定理と渦定理

3.1 流線,流跡線,流脈線

流れの中に1本の曲線をとり,曲線上の各点において速度ベクトル v が曲線の接線となるとき,その曲線を**流線**という.流線は,流れ場を幾何学的に表現する手段であり,流れ場を直観的に理解する上でも重要な概念である.

曲線上の1点 x における曲線の微小部分の長さを ds,その点での接線方向の単位ベクトルを t とする.曲線の線要素であるベクトル $d\bm{r}$ は

$$d\bm{r} = \bm{t}\,ds$$

と表すことができる.

図 3.1 速度ベクトル v と曲線の線要素ベクトル $d\bm{r}$

いま,流線の線要素ベクトルを

$$d\bm{r} = (dx, dy, dz)$$

で表せば,流線の定義より

$$d\bm{r} \,/\!/\, \bm{v}(\bm{x}, t)$$

すなわち

$$\frac{dx}{u(\bm{x},t)} = \frac{dy}{v(\bm{x},t)} = \frac{dz}{w(\bm{x},t)} \tag{3.1}$$

となる.式 (3.1) は,流線の数学的な定義であり,流体粒子の運動を記述する微分方程式である.ここで,時刻 t は微分として現れていないため,単なるパ

ラメータと見なすことができる．時刻 t において，式 (3.1) は，2 つの常微分方程式を与える．その解を

$$f_1(\boldsymbol{x},t) = C_1, \quad f_2(\boldsymbol{x},t) = C_2 \quad (C_1, C_2: \text{積分定数}) \qquad (3.2)$$

とすると，それぞれの式において x, y を定めると z を求めることができることから，式 (3.2) の 2 式は 2 つの曲面を表すこととなる．したがって，流線は式 (3.2) の与える 2 つの曲面の交線として定まる．C_1, C_2 を連続的に変化させると，無限個の流線が得られ，流れ場全体は流線群によって覆われる．

流線は，ひとつの時刻における流れ場に関するものであり，オイラー的表現である．流線は一般に時間とともに変化するが，定常流においては，流線は時間に対して変化しない．

■ 例題 3.1

2 次元の流れ場において x 方向の速度 u と y 方向の速度 v が次式で表されるとき，流線の方程式を求めよ．

$$u = at + b, \quad v = ct^2 + d$$

ここで，a, b, c, d は定数，t は時間を表す．

【解答】 2 次元における流線の式は

$$\frac{dx}{u} = \frac{dy}{v}$$

より，

$$\frac{dy}{dx} = \frac{v}{u} = \frac{ct^2 + d}{at + b}$$

流線はある時刻における流れ場に対して定義されるので，t を一定としてこの式を積分して

$$y = \frac{ct^2 + d}{at + b} x + C \quad (C: \text{積分定数})$$

となる．流線は直線となり，その傾きは時間とともに変化する．　■

速度 $\boldsymbol{v}$ は，各点で 1 価の関数であるため，流線は一意的に定まり，一般に 2 本以上の流線が 1 点で交わることはない．ただし，流体中に図 3.2 に示すようなわき出し点や吸い込み点がある場合には複数の流線が 1 点で交わる．また，図 3.3

に示すように $v = 0$ となる**よどみ点**では式 (3.1) から流線を決定することはできず，複数の流線がよどみ点で交わる．

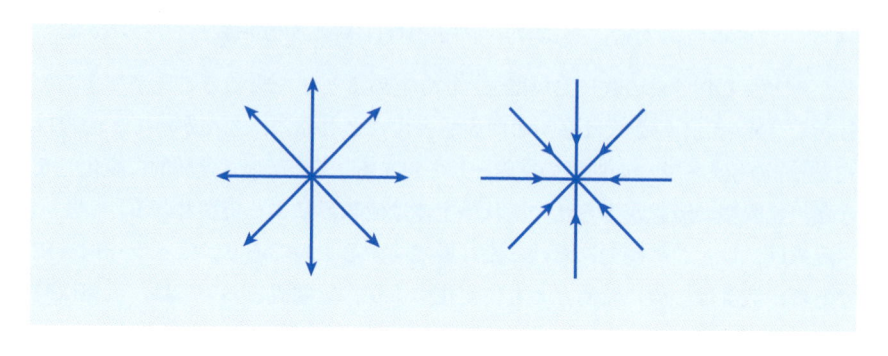

図 3.2　わき出し点と吸い込み点

　流れ場の中に任意の閉曲線をとり，この閉曲線上の各点を通る流線群を考えると，それは 1 つの管を形成し，これを**流管**という．流管面上の任意点における法線方向の単位ベクトルを n とすると流管上では常に

$$n \perp v(x, t) \tag{3.3}$$

となる．流管も流線と同様に時間に対して変化し，定常流の場合のみ，空間に固定された曲面となる．

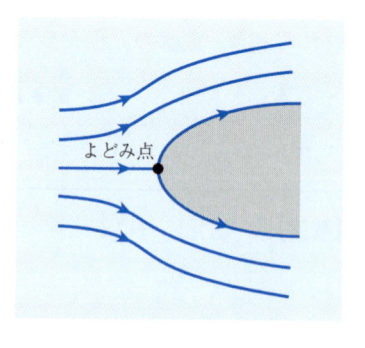

図 3.3　よどみ点

　図 3.4 に示すように，流管を互いに交わらない 2 つの断面 S_1, S_2 で切り取り，切り取られた流管面を S とする．定常流では S_1, S_2, S によって囲まれた体積内の流体の質量は変化しないから，これらの面を通過する質量の出入りは全体としてゼロである．すなわち，

$$\int_S (\rho v \cdot n)\, dS + \int_{S_1} (\rho v \cdot n)\, dS + \int_{S_2} (\rho v \cdot n)\, dS = 0 \tag{3.4}$$

ただし，単位法線ベクトル n は外向きにとる．S では，$n \perp v$ であるから上式は

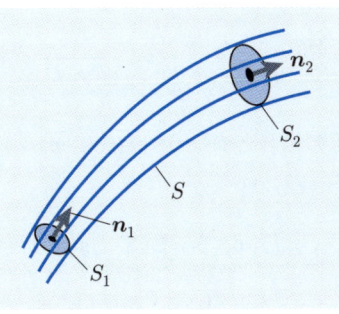

図 3.4　流管

$$\int_{S_1} (\rho \boldsymbol{v} \cdot \boldsymbol{n})\, dS + \int_{S_2} (\rho \boldsymbol{v} \cdot \boldsymbol{n})\, dS = 0 \tag{3.5}$$

となる．S_1，S_2 における流れ方向の単位法線ベクトルをそれぞれ $\boldsymbol{n}_1$，$\boldsymbol{n}_2$ とすると，$\boldsymbol{n}_1 = -\boldsymbol{n}$，$\boldsymbol{n}_2 = \boldsymbol{n}$ となるから，

$$-\int_{S_1} (\rho \boldsymbol{v} \cdot \boldsymbol{n}_1)\, dS + \int_{S_2} (\rho \boldsymbol{v} \cdot \boldsymbol{n}_2)\, dS = 0 \tag{3.6}$$

となり，

$$\int_{S_1} (\rho \boldsymbol{v} \cdot \boldsymbol{n}_1)\, dS = \int_{S_2} (\rho \boldsymbol{v} \cdot \boldsymbol{n}_2)\, dS = 一定 \tag{3.7}$$

すなわち，単位時間に通過する流体の質量はどの断面においても一定となる．

流体が非圧縮で，$\rho = 一定$ の場合，式 (3.7) は

$$\int_{S_1} (\boldsymbol{v} \cdot \boldsymbol{n}_1)\, dS = \int_{S_2} (\boldsymbol{v} \cdot \boldsymbol{n}_2)\, dS = 一定 = Q \tag{3.8}$$

となり，非圧縮性流体の定常流の場合，流管を単位時間に通過する流体の体積（**流量**）はどの断面でも一定となり，流管固有の不変量となる．

任意の 1 つの流体粒子が時間とともに移動する軌跡を**流跡線**という．

流線がオイラー的記述であるのに対し，流跡線はラグランジュ的記述である．流体粒子が微小時間 dt の間に流跡線に沿って線要素 $d\boldsymbol{r}(dx, dy, dz)$ だけ動いたとすると

$$d\boldsymbol{r} = \boldsymbol{v}(\boldsymbol{x}, t)\, dt \tag{3.9}$$

すなわち，

$$\frac{dx}{u(\boldsymbol{x},t)} = \frac{dy}{v(\boldsymbol{x},t)} = \frac{dz}{w(\boldsymbol{x},t)} = dt \qquad (3.10)$$

となる．式 (3.1) の流線の場合と異なり，上式は $\boldsymbol{x}$, t に関する 3 つの常微分方程式となるため，その一般解は

$$f_1(\boldsymbol{x},t) = C_1, \quad f_2(\boldsymbol{x},t) = C_2, \quad f_3(\boldsymbol{x},t) = C_3 \qquad (3.11)$$

と表すことができる．ここで C_1，C_2，C_3 は積分定数である．

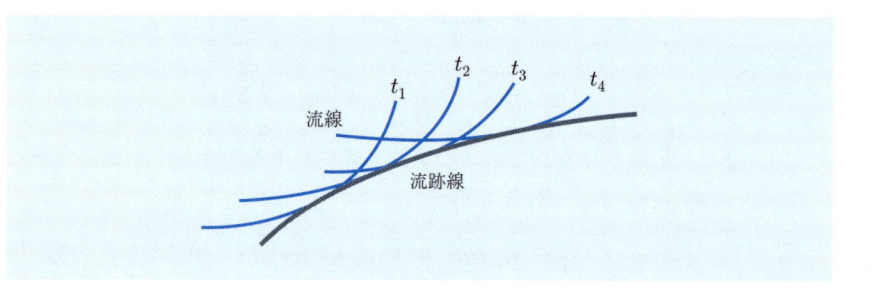

図 3.5　流跡線

　定常な流れでは，速度ベクトル $\boldsymbol{v}$ は時間 t を含まず，場所 $\boldsymbol{x}(x,y,z)$ のみの関数であるから，流跡線を表す式 (3.10) の左辺 3 辺と流線を表す式 (3.1) は同じ方程式となり，流線と流跡線は一致する．これに対して，非定常流では流線は時々刻々と変化し，流体粒子は図 3.5 に示すように次々と異なった流線にのり移ってゆく．

　流線，流跡線と異なった流れを表す曲線に**流脈線**がある．流脈線は拡散が無視できる場合に，煙突から排出される煙をある時刻に撮影したものと考えることができる．すなわち，固定点 $\boldsymbol{x}_0$ を時々刻々に通過する全ての流体粒子が時刻 t に到達した点を連ねる曲線である．

　流線を実験的に観察するには，流水の表面にアルミニウム粉末などをまいて短時間露出で写真を撮ればよい．一つ一つの粉末は短い線分（$\boldsymbol{v}\Delta t$）として写り，それらの線分を連ねれば流線が得られる．これに対して流跡線を得るにはアルミニウム粉末などをまばらにまき，長時間露出で写真を撮ればよい．

3.2 流体粒子の運動

流体の局所的な運動を調べるために，図 3.6 に示すような流体の微小球を考える．その中心 O を原点に選ぶと，球内の任意の点 P の座標 $\delta \boldsymbol{r}(\delta x, \delta y, \delta z)$ は微小な量となることから，点 P での流速は $\delta \boldsymbol{r}$ のベキ級数に展開でき，中心 O に対する相対速度は

$$\delta \boldsymbol{v} = \boldsymbol{v} - \boldsymbol{v}_0 = \left(\frac{\partial \boldsymbol{v}}{\partial x}\right)\delta x + \left(\frac{\partial \boldsymbol{v}}{\partial y}\right)\delta y + \left(\frac{\partial \boldsymbol{v}}{\partial z}\right)\delta z + \cdots \quad (3.12)$$

となる．ただし，$\boldsymbol{v}_0$ は中心 O における流速である．高次の微小量を無視し，(x, y, z) を (x_1, x_2, x_3) と表し，座標軸方向の単位ベクトル $\boldsymbol{i}, \boldsymbol{j}, \boldsymbol{k}$ を $\boldsymbol{n}_1, \boldsymbol{n}_2, \boldsymbol{n}_3$ と表すと，式 (3.12) は

$$\begin{aligned}\delta \boldsymbol{v} = \boldsymbol{v} - \boldsymbol{v}_0 =& \left\{\left(\frac{\partial v_1}{\partial x_1}\right)\delta x_1 + \left(\frac{\partial v_1}{\partial x_2}\right)\delta x_2 + \left(\frac{\partial v_1}{\partial x_3}\right)\delta x_3\right\}\boldsymbol{n}_1 \\ &+ \left\{\left(\frac{\partial v_2}{\partial x_1}\right)\delta x_1 + \left(\frac{\partial v_2}{\partial x_2}\right)\delta x_2 + \left(\frac{\partial v_2}{\partial x_3}\right)\delta x_3\right\}\boldsymbol{n}_2 \quad (3.13) \\ &+ \left\{\left(\frac{\partial v_3}{\partial x_1}\right)\delta x_1 + \left(\frac{\partial v_3}{\partial x_2}\right)\delta x_2 + \left(\frac{\partial v_3}{\partial x_3}\right)\delta x_3\right\}\boldsymbol{n}_3\end{aligned}$$

となる．ただし，$\boldsymbol{v} = (v_1, v_2, v_3)$ である．

式 (3.13) は，点 P の速度が小球の中心の速度 $\boldsymbol{v}_0$ と 9 種類の速度の和であることを示している．9 種類の相対速度のうち，$(\partial v_1/\partial x_1)\delta x_1 \boldsymbol{n}_1$ で表される運動は，x 軸方向を向き，速度が y–z 面からの距離に比例する運動，すなわち，この値が正の場合には x 軸方向の一様な伸び運動を，また負の場合には一様な縮

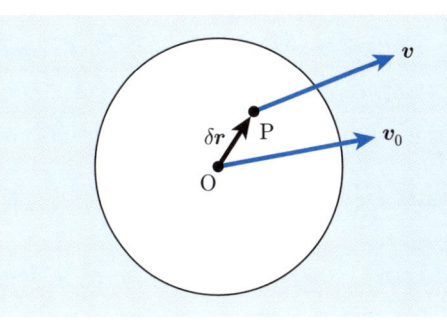

図 3.6 流体の微小球

み運動を表す．同様に $(\partial v_2/\partial x_2)\delta x_2 \boldsymbol{n}_2$, $(\partial v_3/\partial x_3)\delta x_3 \boldsymbol{n}_3$ はそれぞれ y 軸方向および z 軸方向の一様な**伸び運動**または**縮み運動**を表す．

各軸方向の稜の長さが $\delta x_1, \delta x_2, \delta x_3$ の微小直方体（体積 $\delta V = \delta x_1 \delta x_2 \delta x_3$）を考える．この直方体の各稜の長さは微小時間 δt 後には，$\{1+(\partial v_1/\partial x_1)\delta t\}\delta x_1$, $\{1+(\partial v_2/\partial x_2)\delta t\}\delta x_2$, $\{1+(\partial v_3/\partial x_3)\delta t\}\delta x_3$ となるから，δt 後の体積 $\delta V'$ は高次の項を無視して

$$\left[1+\left\{\left(\frac{\partial v_1}{\partial x_1}\right)+\left(\frac{\partial v_2}{\partial x_2}\right)+\left(\frac{\partial v_3}{\partial x_3}\right)\right\}\delta t\right]\delta V \tag{3.14}$$

へと変化し，単位時間あたりの体積変化率は

$$\begin{aligned}\frac{1}{\delta V}\frac{d\delta V}{dt} &= \lim_{\delta t\to 0}\frac{1}{\delta V}\frac{\delta V'-\delta V}{\delta t} \\ &= \frac{\partial v_1}{\partial x_1}+\frac{\partial v_2}{\partial x_2}+\frac{\partial v_3}{\partial x_3}\end{aligned} \tag{3.15}$$

となる．

$$\operatorname{div}\boldsymbol{v} = \frac{\partial v_1}{\partial x_1}+\frac{\partial v_2}{\partial x_2}+\frac{\partial v_3}{\partial x_3} \tag{3.16}$$

を**体積ひずみ速度**という．

残りの 6 種類の相対運動のうち，$(\partial v_1/\partial x_2)\delta x_2 \boldsymbol{n}_1$ で表される運動は，速度の大きさが y 座標すなわち x–z 面からの距離に比例する x 軸方向の運動であり，x–z 面に平行な平面の x 軸方向への一様な**ずれ運動**を表している．同様に $(\partial v_1/\partial x_3)\delta x_3 \boldsymbol{n}_1$ は x–y 面に平行な平面の x 軸方向へのずれ運動を，$(\partial v_2/\partial x_1)\delta x_1 \boldsymbol{n}_2$ は y–z 面に平行な平面の y 軸方向へのずれ運動を表している．

これらの 6 種類のずれ運動は，次のように 2 つずつまとめると分かりやすい．すなわち，$(\partial v_1/\partial x_2)\delta x_2 \boldsymbol{n}_1$ と $(\partial v_2/\partial x_1)\delta x_1 \boldsymbol{n}_2$ を組み合わせて，

$$\begin{aligned}&\left(\frac{\partial v_1}{\partial x_2}\right)\delta x_2 \boldsymbol{n}_1 + \left(\frac{\partial v_2}{\partial x_1}\right)\delta x_1 \boldsymbol{n}_2 \\ &= \frac{1}{2}\omega_3\left(\delta x_1 \boldsymbol{n}_2 - \delta x_2 \boldsymbol{n}_1\right) + \frac{1}{2}\gamma_{12}\left(\delta x_1 \boldsymbol{n}_2 + \delta x_2 \boldsymbol{n}_1\right)\end{aligned}$$

とおく．ただし，

3.2 流体粒子の運動

$$\omega_3 = \left(\frac{\partial v_2}{\partial x_1} - \frac{\partial v_1}{\partial x_2}\right)$$

$$\gamma_{12} = \left(\frac{\partial v_2}{\partial x_1} + \frac{\partial v_1}{\partial x_2}\right)$$

である．右辺第 1 項の $\frac{1}{2}\omega_3\left(\delta x_1 \boldsymbol{n}_2 - \delta x_2 \boldsymbol{n}_1\right)$ は図 3.7 に示すように z 軸周りの**角速度** $\frac{1}{2}\omega_3$ の**回転**を表している．$\frac{1}{2}\gamma_{12}\left(\delta x_1 \boldsymbol{n}_2 + \delta x_2 \boldsymbol{n}_1\right)$ は図 3.8 に示すように x 軸と y 軸のなす角が単位時間に γ_{12} だけ減少するような運動，すなわち**せん断運動**を表している．

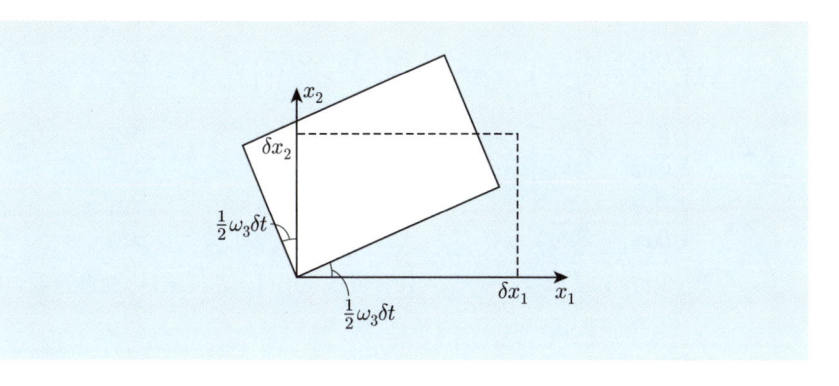

図 3.7 z 軸周りの回転運動

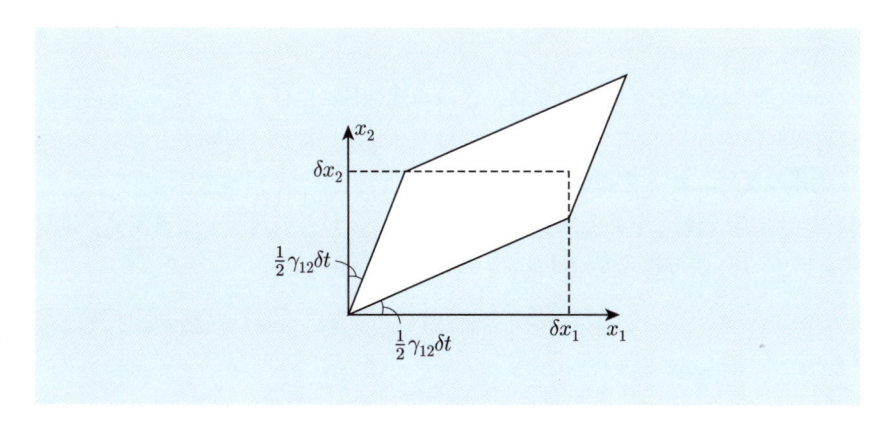

図 3.8 x–y 平面内でのせん断運動

同様にして $(\partial v_1/\partial x_3)\delta x_3 \bm{n}_1$ と $(\partial v_3/\partial x_1)\delta x_1 \bm{n}_3$, $(\partial v_2/\partial x_3)\delta x_3 \bm{n}_2$ と $(\partial v_3/\partial x_2)\delta x_2 \bm{n}_3$ を組み合わせると，$\delta \bm{v}$ は

$$\begin{aligned}
\delta \bm{v} &= \bm{v} - \bm{v}_0 \\
&= \frac{1}{2}\omega_1(\delta x_2 \bm{n}_3 - \delta x_3 \bm{n}_2) + \frac{1}{2}\gamma_{23}(\delta x_2 \bm{n}_3 + \delta x_3 \bm{n}_2) + \varepsilon_1 \delta x_1 \bm{n}_1 \\
&\quad + \frac{1}{2}\omega_2(\delta x_3 \bm{n}_1 - \delta x_1 \bm{n}_3) + \frac{1}{2}\gamma_{31}(\delta x_3 \bm{n}_1 + \delta x_1 \bm{n}_3) + \varepsilon_2 \delta x_2 \bm{n}_2 \quad (3.17)\\
&\quad + \frac{1}{2}\omega_3(\delta x_1 \bm{n}_2 - \delta x_2 \bm{n}_1) + \frac{1}{2}\gamma_{12}(\delta x_1 \bm{n}_2 + \delta x_2 \bm{n}_1) + \varepsilon_3 \delta x_3 \bm{n}_3
\end{aligned}$$

と表すことができる．ここで，

$$\begin{aligned}
\omega_1 &= \left(\frac{\partial v_3}{\partial x_2} - \frac{\partial v_2}{\partial x_3}\right), & \gamma_{23} &= \left(\frac{\partial v_3}{\partial x_2} + \frac{\partial v_2}{\partial x_3}\right), & \varepsilon_1 &= \frac{\partial v_1}{\partial x_1} \\
\omega_2 &= \left(\frac{\partial v_1}{\partial x_3} - \frac{\partial v_3}{\partial x_1}\right), & \gamma_{31} &= \left(\frac{\partial v_1}{\partial x_3} + \frac{\partial v_3}{\partial x_1}\right), & \varepsilon_2 &= \frac{\partial v_2}{\partial x_2} \quad (3.18)\\
\omega_3 &= \left(\frac{\partial v_2}{\partial x_1} - \frac{\partial v_1}{\partial x_2}\right), & \gamma_{12} &= \left(\frac{\partial v_2}{\partial x_1} + \frac{\partial v_1}{\partial x_2}\right), & \varepsilon_3 &= \frac{\partial v_3}{\partial x_3}
\end{aligned}$$

である．式 (3.17) によれば，点 O 近傍の流体粒子は，速度 $\bm{v}_0$ の**並進運動**のほかに，

① 角速度 $\frac{1}{2}\bm{\omega}(\frac{1}{2}\omega_1, \frac{1}{2}\omega_2, \frac{1}{2}\omega_3)$ の回転
② 球が楕円体に変形するせん断運動
③ x, y, z 軸方向の一様な伸び縮みの運動

を同時に行っている．

並進運動は流体粒子の運動量に，①は角運動量に関係するので，流体の運動に直接関係する．これに対して②，③は流体粒子の変形に関係するもので，粘性流体の運動において重要な役割を果たす．

流体の回転運動を考える場合，その角速度 $\frac{1}{2}\bm{\omega}$ は並進速度 $\bm{v}$ と無関係ではなく，式 (3.18) の方程式で結ばれている．$\bm{\omega}$ は，

$$\bm{\omega} = \operatorname{rot} \bm{v} \quad (3.19)$$

と表され，**渦度ベクトル**と呼ばれる．

流体の微小部分の回転角速度は式 (3.18) より

3.2 流体粒子の運動

$$\boldsymbol{\Omega} = \frac{1}{2}\boldsymbol{\omega} \tag{3.20}$$

となる.

> **■ 例題 3.2**
> 2 次元の流れ場において，x 方向の速度 u，y 方向の速度 v が
> $$u = A(x+y), \quad v = A(x-y) \quad (A: \text{定数})$$
> で与えられたとき，$\varepsilon_x, \varepsilon_y, \omega_z, \gamma_{xy}$ を求めよ.

【解答】

$$\varepsilon_x = \frac{\partial u}{\partial x} = A$$
$$\varepsilon_y = \frac{\partial v}{\partial y} = -A$$
$$\omega_z = \left(\frac{\partial v}{\partial x} - \frac{\partial u}{\partial y}\right) = (A - A) = 0$$
$$\gamma_{xy} = \left(\frac{\partial v}{\partial x} + \frac{\partial u}{\partial y}\right) = A + A = 2A$$

となる. ■

速度ベクトル $\boldsymbol{v}$ に対して流線，流管を定義したのと同様に，渦度ベクトル $\boldsymbol{\omega}$ に対して**渦線**，**渦管**を定義することができる．渦線は接線がその点における渦度ベクトルに平行であるような曲線であり，その方程式は

$$d\boldsymbol{r} \mathbin{/\mkern-6mu/} \boldsymbol{\omega} \tag{3.21}$$

すなわち

$$\frac{dx_1}{\omega_1(\boldsymbol{x},t)} = \frac{dx_2}{\omega_2(\boldsymbol{x},t)} = \frac{dx_3}{\omega_3(\boldsymbol{x},t)} \tag{3.22}$$

となる．渦管は流れの中の 1 つの閉曲線 C の各点を通る渦線群によって形成される管である．また，C が無限小の閉曲線であるとき，渦管に含まれる流体部分を**渦糸**という．

3.3 渦度と循環

図 3.9 に示すような流れの中の任意の閉曲線 C に沿っての線積分

$$\Gamma(C) = \oint_C \boldsymbol{v} \cdot d\boldsymbol{r} = \oint_C v_t \, ds \qquad (3.23)$$

を C に沿っての**循環**という．ここで v_t は流速ベクトル $\boldsymbol{v}(u,v,w)$ の C の接線方向成分，$d\boldsymbol{r}(dx, dy, dz)$ は C の線要素ベクトル，ds はその長さである．ベクトル解析の**ストークスの定理**によれば，$\Gamma(C)$ は次のように面積分で表すことができる．

$$\oint_C \boldsymbol{v} \cdot d\boldsymbol{r} = \iint_S \mathrm{rot}\,\boldsymbol{v} \cdot d\boldsymbol{S} = \iint_S \boldsymbol{\omega} \cdot d\boldsymbol{S} = \iint_S \omega_n \, dS \qquad (3.24)$$

ただし，S は図 3.10 に示すような C をへりとするような閉曲面である．また，$\boldsymbol{n}$ は曲面 S の法線ベクトル，dS は面積要素，$d\boldsymbol{S} = \boldsymbol{n}\,dS$ は面積要素ベクトルである．ここで，法線 $\boldsymbol{n}$ の向きは図 3.10 のように，S の方向に足を向け閉曲線 C に沿って進むとき，右手にある側から左手にある側に向かうものとする．

図 3.11 に示す 1 本の渦管を考え，この渦管の側面に沿って渦管を 1 周する閉曲線 C について循環をとると，その値は C の選び方によらない渦管に固有の

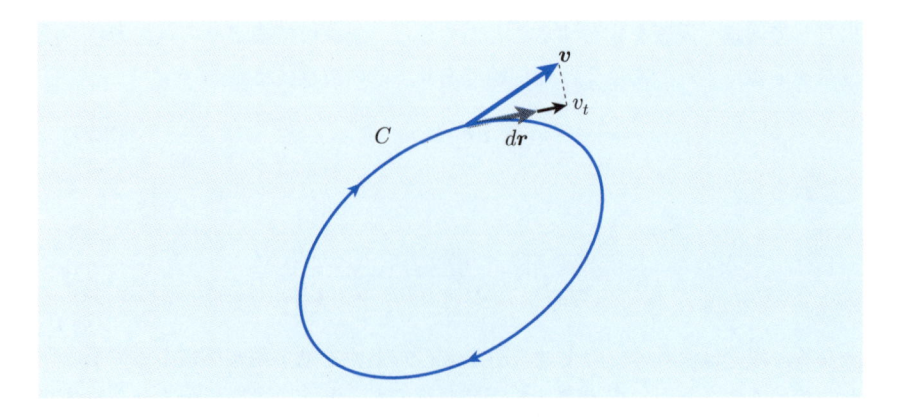

図 3.9　流れの中の閉曲線 C

3.3 渦度と循環

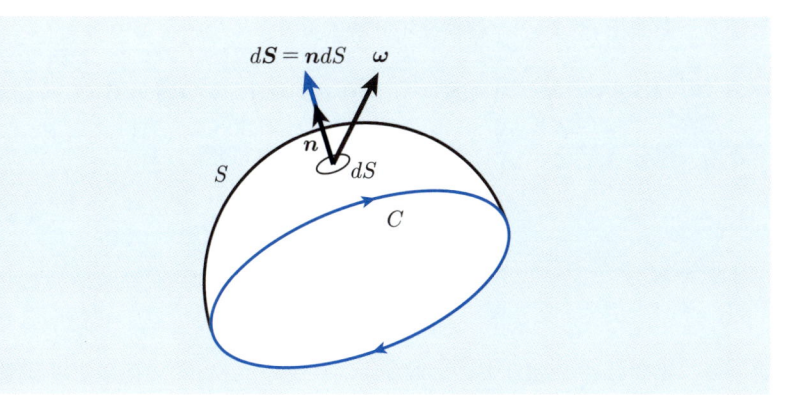

図 3.10 C をへりとする閉曲面

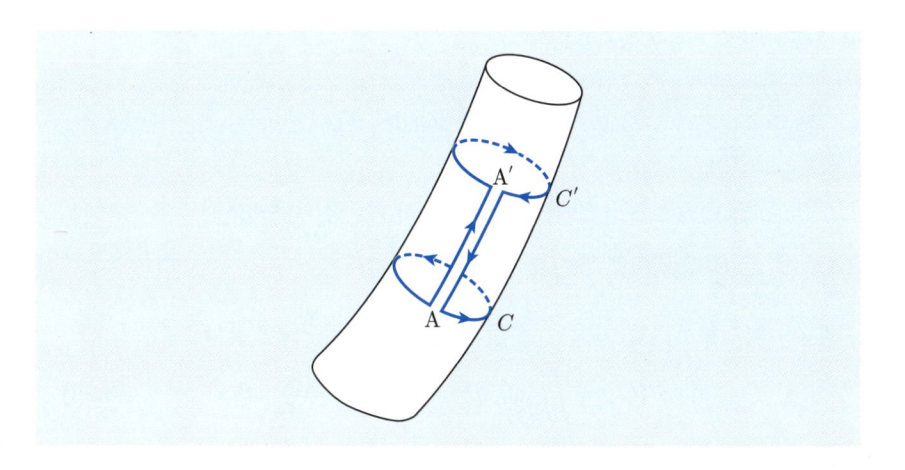

図 3.11 渦管を 1 周する閉曲線

不変量となる．このことを示すために図 3.11 に示すように渦管を 1 周する 2 つの閉曲線 C, C' を考える．C, C' 上にそれぞれ点 A, A$'$ をとり，図に示すような線分 ACA, AA$'$, A$'$C$'$A$'$, A$'$A でつくられる閉曲線 C'' に沿う循環を求める．C'' で囲まれた渦管側面上では $\omega_n = 0$ となるため，閉曲線 C'' に沿う循環は

$$\Gamma(C'') = \iint_S \omega_n \, dS = 0 \tag{3.25}$$

となる．閉曲線 C'' に沿う線積分に分解すると，

$$\int_C \boldsymbol{v}\cdot d\boldsymbol{S} + \int_A^{A'} \boldsymbol{v}\cdot d\boldsymbol{S} - \int_{C'} \boldsymbol{v}\cdot d\boldsymbol{S} + \int_{A'}^{A} \boldsymbol{v}\cdot d\boldsymbol{S} = 0 \qquad (3.26)$$

となる．線分 $\mathrm{AA'}$ と $\mathrm{A'A}$ に沿う線積分は打ち消し合うから，

$$\int_C \boldsymbol{v}\cdot d\boldsymbol{S} = \int_{C'} \boldsymbol{v}\cdot d\boldsymbol{S} \qquad (3.27)$$

すなわち

$$\Gamma(C) = \Gamma(C')$$

となり，循環は C の選び方によらないことが分かる．この循環 Γ を**渦管の強さ**という．

次に非常に細い渦管（渦糸）を考え，渦糸の垂直断面積を σ とすると，渦度 $\boldsymbol{\omega}$ は断面内で一定と見なせるので，

$$\Gamma(C) = \iint_S \omega_n \, dS = \omega\sigma \qquad (3.28)$$

となり，渦度の大きさ ω と断面積 σ の積 $\omega\sigma$ は一本の渦糸を通じて一定値となる．すなわち，渦糸の細いところほど渦度が大きく，太いところほど渦度は小さくなる．

有限の断面積の渦管の場合，多数の渦糸の集まりと考えればよく，

$$\Gamma(C) = \iint_S \omega_n \, dS = \sum_i \omega_i \sigma_i = \sum_i \Gamma_i \qquad (3.29)$$

と表すことができる．

1本の渦管を考えると，$\omega\sigma$ は渦管について一定値をとり，断面積 σ はゼロになりえないから，渦管は流体の内部で中断することはない．したがって渦管の側面を構成する渦線も流体の内部で途切れることなく，流れの境界から境界まで伸びているか，閉じた**渦輪**をつくるかのいずれかである．

3.4 循環定理と渦定理

渦管が時間の経過とともにどのように運動するかを調べるために，保存力場における完全流体中の閉曲線 C に沿った循環について考える．図 3.12 に示すように時刻 $t = 0$ に一つの閉曲線 C を構成する流体粒子は，時間の経過につれて移動するが，C を形成していた流体粒子が時刻 t に閉曲線 C' をつくるとすると，この閉曲線に沿った循環は流れに伴う時間的変化を受けることから，ラグランジュ微分を用いて，

$$\frac{D}{Dt}\Gamma(C) = \frac{D}{Dt}\oint_C \bm{v}\cdot d\bm{r} = \oint_C \frac{D}{Dt}(\bm{v}\cdot d\bm{r}) \\ = \oint_C \frac{D\bm{v}}{Dt}\cdot d\bm{r} + \oint_C \bm{v}\cdot \frac{D}{Dt}d\bm{r} \tag{3.30}$$

と表すことができる．外力 $\bm{F}$ は保存力であり，バロトロピー性流体を仮定すると，式 (3.30) の右辺第 1 項の被積分関数は，運動方程式 (2.31) から，

$$\frac{D\bm{v}}{Dt} = \bm{F} - \frac{1}{\rho}\mathrm{grad}\,p = -\mathrm{grad}(\Lambda + P) \\ \bm{F} = -\mathrm{grad}\,\Lambda, \quad P = \int \frac{dp}{\rho} \tag{3.31}$$

となる．ここで Λ は外力のポテンシャルである．

式 (3.30) の右辺第 2 項は

$$\frac{D}{Dt}d\bm{r} = d\frac{D\bm{r}}{Dt} = d\bm{v} \tag{3.32}$$

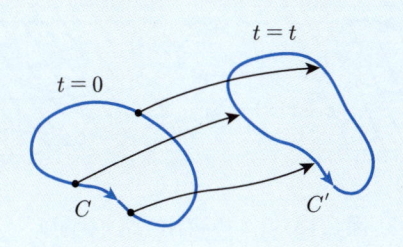

図 3.12 2 つの時刻において流体粒子がつくる閉曲線

から，
$$\boldsymbol{v} \cdot \frac{D}{Dt} d\boldsymbol{r} = \boldsymbol{v} \cdot d\boldsymbol{v} \tag{3.33}$$
となる．したがって，
$$\begin{aligned}
\frac{D}{Dt} \Gamma(C) &= \oint_C \frac{D}{Dt} (\boldsymbol{v} \cdot d\boldsymbol{r}) \\
&= -\oint_C \operatorname{grad}(\Lambda + P) \cdot d\boldsymbol{r} + \oint_C \boldsymbol{v} \cdot d\boldsymbol{v} \\
&= -\oint_C d(\Lambda + P) + \oint_C d\left(\frac{1}{2}\boldsymbol{v}^2\right) \\
&= \left[\frac{1}{2} q^2 - \Lambda - P\right]_C
\end{aligned} \tag{3.34}$$
となる．ここで，$[\ldots]_C$ は，閉曲線 C を1周したときの値の変化を表している．流速の大きさ q と圧力 P は場所の1価関数であり，外力のポテンシャル Λ も場所の1価関数であるから，式 (3.34) の右辺はゼロとなり，
$$\Gamma(C) = \text{一定} \tag{3.35}$$
となる．すなわち，粘性のないバロトロピー性流体が保存力のもとで運動する場合，流体中の閉曲線についての循環は時間的に不変に保たれる．これを**ケルヴィンの循環定理**という．

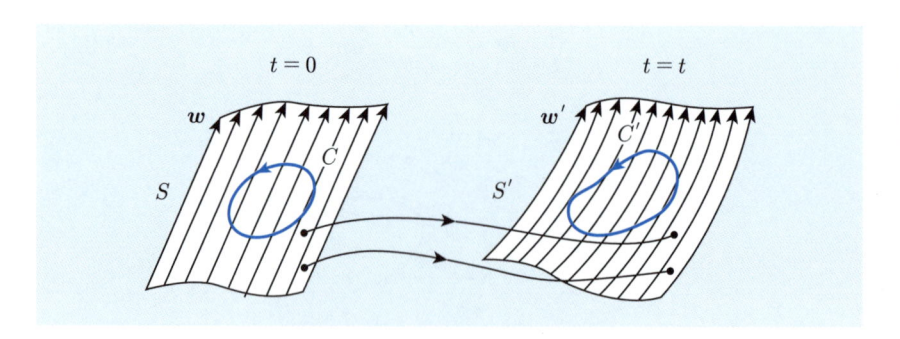

図 3.13 2つの時刻における渦面

3.4 循環定理と渦定理

流れの中に1本の曲線を考え，この曲線上の各点を通る渦線によって形成される曲面を**渦面**という．図3.13に示すように$t=0$において1つの渦面Sを考え，この面が流体とともに運動し，$t=t$において1つの曲面S'を形成したとする．渦面の法線ベクトルをnとすると，渦面上では

$$\boldsymbol{\omega}(\boldsymbol{x},t) \perp \boldsymbol{n} \tag{3.36}$$

であるから，渦面S上の任意の閉曲線Cに沿う循環は

$$\Gamma(C) = \oint_C \boldsymbol{u} \cdot d\boldsymbol{r} = \iint_S \boldsymbol{\omega} \cdot d\boldsymbol{S} = 0 \tag{3.37}$$

となる．$t=t$において，閉曲線Cが面S'上のC'になったとすれば，C'に沿う循環$\Gamma(C')$はケルヴィンの循環定理 (3.35) により

$$\Gamma(C') = \iint_{S'} \boldsymbol{\omega} \cdot d\boldsymbol{S} = \Gamma(C) = 0 \tag{3.38}$$

となる．閉曲線C'は面S'上で任意にとれるから，面S'上のいたる所で$\boldsymbol{\omega}\cdot d\boldsymbol{S} = 0$，すなわち，面$S'$は渦面となる．このように，ケルヴィンの循環定理から，渦面は運動中に1つの渦面として保たれることが分かる．

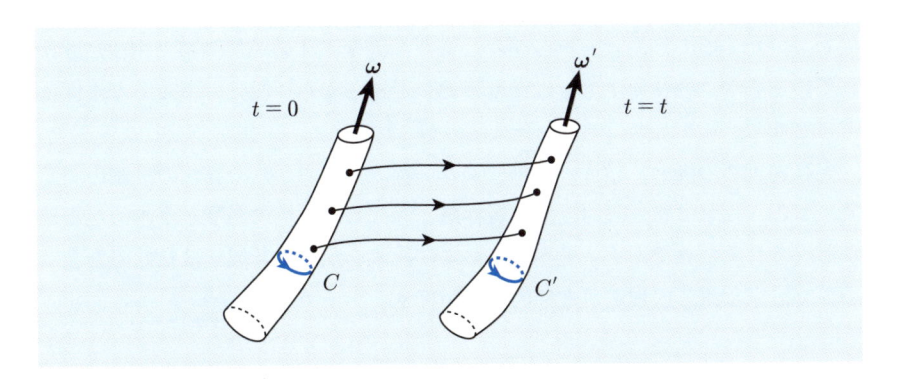

図 3.14 2つの時刻において渦管を1周する閉曲線

渦管の側面は渦面であるから，保存力のもとで運動する完全流体中で，渦管は常に渦管として保たれ，図3.14に示すようにその循環$\Gamma(C)$はケルヴィンの循環定理により時間的に一定に保たれる．すなわち渦管は渦管として運動し，その強さは一定不変に保たれる．これを**ヘルムホルツの渦定理**という．

無限小断面積の渦管である渦糸の断面積を σ，渦度を ω とすると，渦糸の強さは

$$\Gamma = \omega\sigma = \text{一定} \tag{3.39}$$

となる．渦糸の微小長さ δs の部分を考えると，質量保存の法則から

$$\rho\sigma\delta s = \text{一定} \tag{3.40}$$

となり，式 (3.39) から

$$\frac{\rho}{\omega}\delta s = \text{一定} \tag{3.41}$$

となる．非圧縮性流体の場合，ω は δs に比例し，渦糸の長さ δs が引き伸ばされると渦度 ω はそれに比例して増加し，逆に縮むと渦度は減少する．

渦糸に対するヘルムホルツの渦定理から，ある時刻に渦なしであった流体は，その後も常に渦なしであり，ある時刻に渦ありであった流体はその後も渦ありであることが分かる．すなわち，保存力のもとで運動する完全流体中で，渦度は発生することも消滅することもない．これを**ラグランジュの渦定理**という．

静止している完全流体中に置かれた物体が静止状態から運動を始めた場合，静止状態では流れ場のいたる所で渦度はゼロであるから，物体が運動を始めた後も，いたる所で渦度はゼロとなる．また，完全流体の一様流中に物体が置かれている場合，物体の上流では渦度はゼロであるから，物体の下流でも渦度はゼロとなる．

実在の流体の場合，粘性の効果により一様流中におかれた物体の後流に渦が発生する．これは物体表面近傍に**境界層**と呼ばれる粘性の影響が卓越した領域が形成されるためである．境界層内および後流を除いた領域では粘性の影響は小さく，完全流体の理論が近似的に適用できる．

3 章 の 問 題

☐ **1** 速度場が $v = Axi - Ayj$ で与えられる流れ場を考える．ただし，i, j はそれぞれ x, y 方向の単位ベクトルである．$A = 0.3\ [\text{s}^{-1}]$ の場合について以下の問に答えよ．

(1) x–y 平面上での流線を与える方程式を求めよ．
(2) $t = 0$ において点 $(x, y) = (2, 8)$（単位は m）を通る流線を描け．
(3) $t = 0$ において点 $(x, y) = (2, 8)$ の速度を求めよ．
(4) $t = 0$ において点 $(x, y) = (2, 8)$ にある流体粒子の 6 秒後の位置と速度を示せ．
(5) 流線と流跡線が等しいことを示せ．

☐ **2** 速度場が $v = U\dfrac{y}{h}i$ で与えられる流れ場を考える．この流れ場の $\Omega_z,\ \gamma_{xy},\ \varepsilon_x,\ \varepsilon_y$ を求めよ．また，この流れ場が連続方程式を満たすことを示せ．

☐ **3** 速度場が $v = -A\dfrac{y}{r_0}i + A\dfrac{x}{r_0}j$ で与えられる流れ場を考える．この流れ場の $\Omega_z,\ \gamma_{xy},\ \omega_z$ を求めよ．また，この流れ場がどのような流れ場であるか説明せよ．

☐ **4** 図 3.15 に示すように境界 S で流れが 1 と 2 に分かれており，それぞれ $v_1,\ v_2$ で面 S に平行に不連続な流れがあるとする．このとき破線で示す長方形の閉曲線 C を考え，長い辺の長さを ds とすると，閉曲線 C で囲まれた領域での循環 $\Gamma(C)$ はどのように表されるか，また図のように $v_2 > v_1$ の場合，面 S にはどのような流れ場ができるか説明せよ．

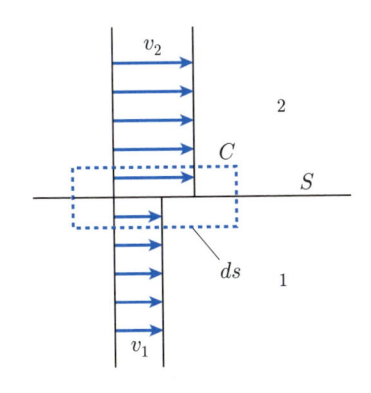

図 3.15

第4章

ベルヌーイの定理と流線曲率の定理

　本章では，はじめに完全流体の速度と圧力を関係付けるベルヌーイの定理とその応用について説明し，次にベルヌーイの定理の導出に必要となる運動方程式の変形について述べる．さらに流体が静止している場合の力学である静水力学について説明する．また渦なし流れの場合に成立する圧力方程式について述べるとともに，定常流れの場合に成立するベルヌーイの定理の導出を行う．最後に流線に直交する方向への圧力の変化を表す流線曲率の定理について説明する．

4.1　ベルヌーイの定理
4.2　運動方程式の変形
4.3　静水力学
4.4　渦なし流れ
4.5　定常流れ
4.6　流線曲率の定理

4.1 ベルヌーイの定理

完全流体，定常流れ，保存力，バロトロピー流体などの仮定が満たされる場合，次式で定義される**ベルヌーイ関数** H は流線上で一定の値を保つ．

$$H = \frac{1}{2}q^2 + \int \frac{dp}{\rho} + \Lambda \tag{4.1}$$

右辺第 1 項の $(1/2)q^2$ は単位質量の流体の持つ**運動エネルギー**であり，$q = |\boldsymbol{v}|$ は速度の大きさである．第 2 項の $\int dp/\rho$ は圧力によって蓄えられる**ポテンシャルエネルギー**，第 3 項は**外力のポテンシャルエネルギー**である．流線上でベルヌーイ関数が一定の値を保つという**ベルヌーイの定理**は，エネルギー保存の法則を表している．

一様な重力場における非圧縮性流体に対しては

$$\int \frac{dp}{\rho} = \frac{p}{\rho}, \quad \Lambda = gz \tag{4.2}$$

となる．ここで，g は重力加速度，z は鉛直上向きの座標である．この場合，ベルヌーイの定理は

$$p + \frac{1}{2}\rho q^2 + \rho g z = 一定 \tag{4.3}$$

となる．式 (4.3) の一定値は流線ごとに異なる値をとりうるが，渦なし流れの場合，この値は流れの場を通して一定の値となる．

(a) トリチェリの定理

図 4.1 に示すように容器に入れた液体が壁にあけた穴から流出する場合を考える．穴の断面積 S が容器の断面積 S_0 に比べて十分に小さければ流れはほぼ定常となり，ベルヌーイの定理を適用できる．水面から穴の中心までの距離を h，穴の位置を $z=0$，水面の位置を $z=h$ とすると，水面における流速はほぼゼロとなり，圧力は大気圧 p_∞ に等しい．また，穴の所でも液体は大気と接するから圧力は p_∞ に等しい．穴の位置における流速の大きさを q とすると式 (4.3) は

$$p_\infty + \frac{1}{2}\rho q^2 = p_\infty + \rho g h \tag{4.4}$$

となり，これから流速の大きさ q を次式により求めることができる．

$$q = \sqrt{2gh} \tag{4.5}$$

これを**トリチェリの定理**という．

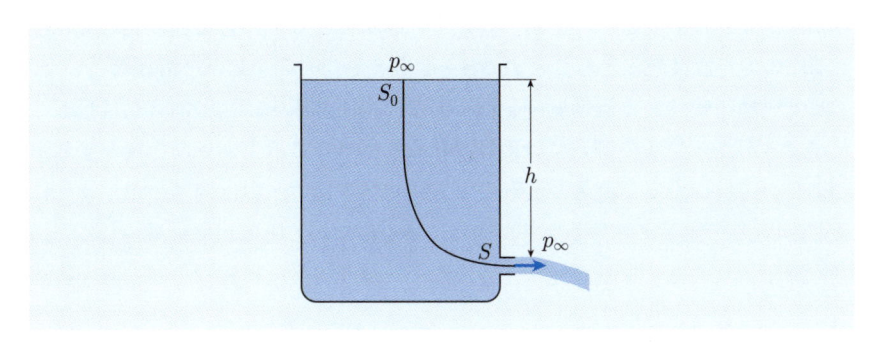

図 4.1　壁の穴から流出する液体

(b) ピトー管

図 4.2 のように流れの中に物体を置くと，その表面に流速がゼロのよどみ点ができる．よどみ点における圧力は**よどみ圧**と呼ばれ，これを p_0 と表す．非圧縮性流体の場合，重力などの外力を無視するとベルヌーイの定理は

$$p + \frac{1}{2}\rho q^2 = p_0 = 一定 \tag{4.6}$$

となり，流線に沿っての一定値はよどみ圧に等しくなる．この一定値のことを**総圧**といい，

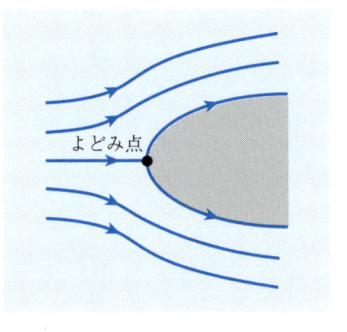

図 4.2　よどみ点

圧力 p を**静圧**，$(1/2)\rho q^2$ を**動圧**という．式 (4.6) から，総圧 p_0 と静圧 p を計測により求めれば，

$$q = \sqrt{\frac{2(p_0 - p)}{\rho}} \tag{4.7}$$

から流速の大きさ q を求めることができる．

総圧はよどみ圧に等しいから，これを測定するには図 4.3 に示すように流れの方向に管を向け，その圧力を測定すればよい．このような管を**総圧管（ピトー管）**と呼ぶ．静圧を測定するには，図 4.4 のように滑らかな管を流れに平行に置き，その側面に穴をあけて圧力を測定すればよく，このような管を**静圧管**と呼ぶ．図 4.5 に示すように 1 本の管の中に静圧管とピトー管を組み込んで総圧と静圧の差を直接読みとることができるようにしたものを**ピトー静圧管**という．

ピトー静圧管による流速測定を行う際に，全圧の測定は比較的容易に行うことができるが，静圧の測定には困難が伴う．図 4.6 に示すような先端が半球形の細長い円柱に沿って流体が流れるとき，物体表面の圧力は同図に示すようによどみ点 A で全圧に等しくなり，後部に移るにつれて圧力が急に減少して一様流の静圧よりも低くなり，徐々に回復して一様流の静圧に近づくが，静圧に達

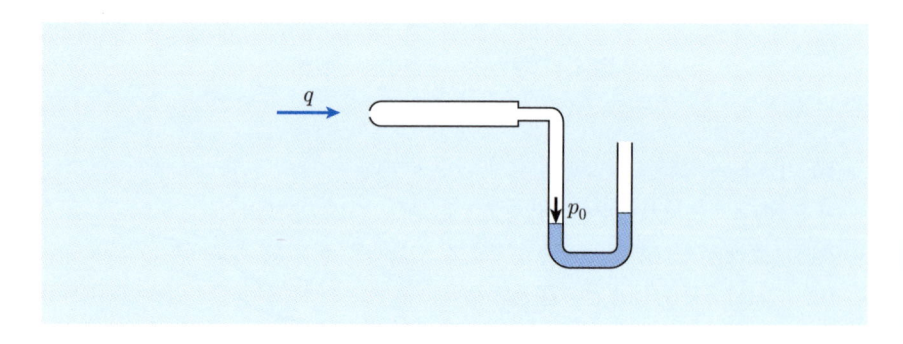

図 4.3　総圧管

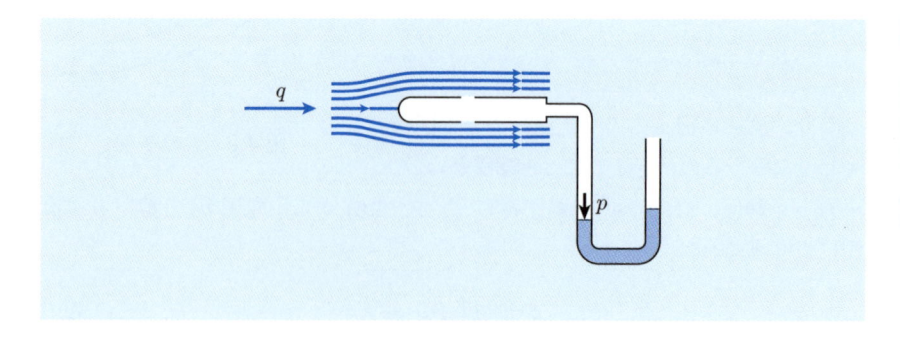

図 4.4　静圧管

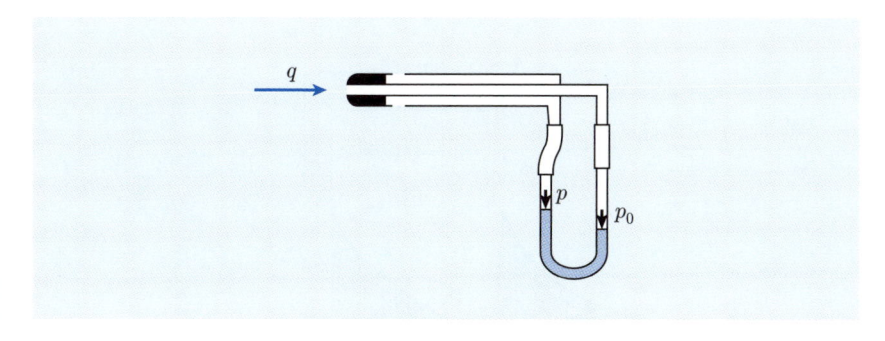

図 4.5 ピトー静圧管

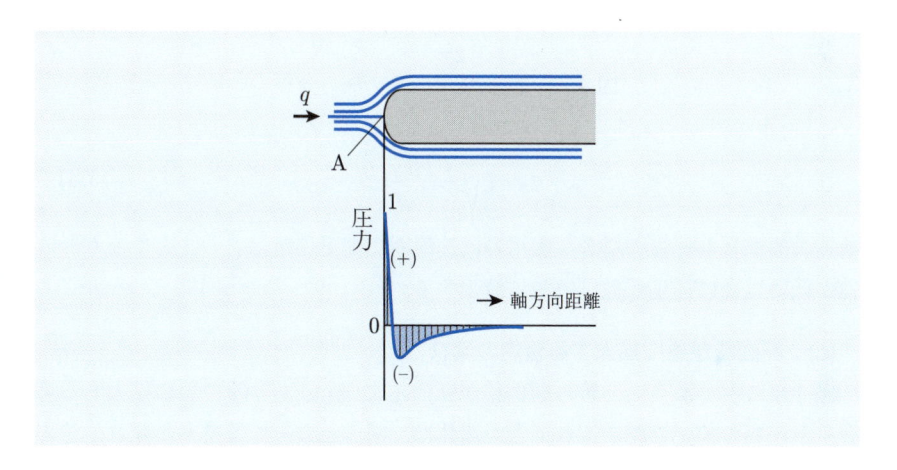

図 4.6 管表面圧力の軸方向分布

するまでには相当の距離が必要である．そこで図 4.7 に示すように円柱に直角に支柱を取り付けると，支柱の存在のために，近くの円柱部分に圧力上昇が生じ，静圧に等しくなる位置は円柱の先端に近い部分に移動する．

　標準ピトー管と呼ばれるものの静圧孔の位置は上述のことを考慮に入れて決められているが，一般に静圧孔の位置を正しく定めることは困難であり，静圧孔からの圧力が正しい静圧の値を示さないことがある．そのような場合には，較正実験を行い，次式に示す補正係数 ζ を実験的に求める必要がある．

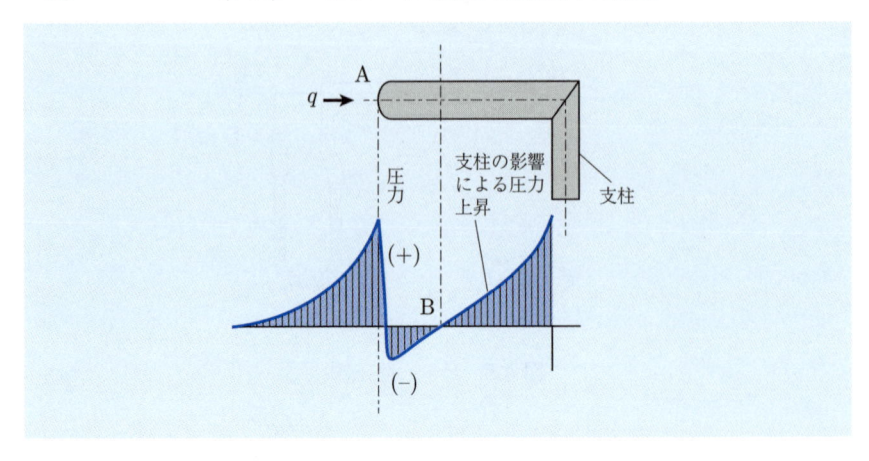

図 4.7 支柱がある場合の圧力分布

$$q = \zeta \sqrt{\frac{2(p_0 - p)}{\rho}} \quad (4.8)$$

前述の標準ピトー管の場合,実用の流速範囲で補正係数は $\zeta = 1$ となるが,流速が低い場合に補正係数は急激に減少する.

(c) 断面積が急に拡大する管内の流れ

図 4.8 に示すように,管の断面積が断面 1 で A_1 から A_2 に急に拡大する場合,上流側の狭い管路を流れてきた流体は,噴流となって管壁から離れ,管の隅に渦流を形成する.この渦流と噴流が混ざり合い,一様流となったところを

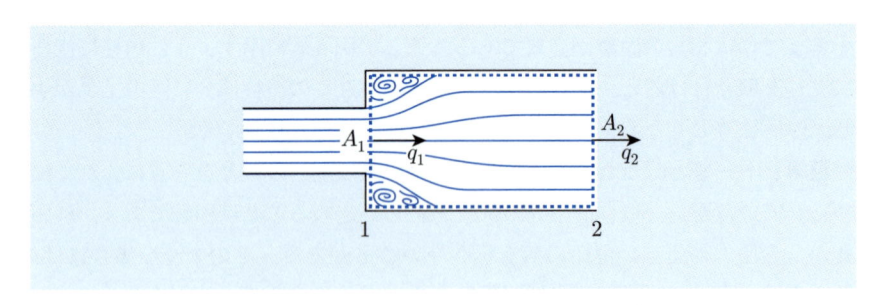

図 4.8 断面積が急に拡大する管内の流れ

断面2とする．定常流を考えると管路を通る流量 Q は，

$$Q = q_1 A_1 = q_2 A_2 \tag{4.9}$$

となる．図 4.8 の破線で囲まれた領域について運動量保存の法則を適用すると，式 (2.44) より運動量の流れは単位面積，単位時間あたり，

$$p\bm{n} + \rho \bm{v} v_n \tag{4.10}$$

となる．ここで，$\bm{n}$ は考える面の法線ベクトル，v_n は流速 $\bm{v}$ の法線成分である．管の軸方向成分だけを考えると，断面 "1" では単位時間あたり $p_1 A_2 + \rho q_1^2 A_1$ だけ流れ込み，断面 "2" では $(p_2 + \rho q_2^2) A_2$ だけ流れ出る．定常状態では両者は等しいため，

$$p_1 A_2 + \rho q_1^2 A_1 = p_2 A_2 + \rho q_2^2 A_2 \tag{4.11}$$

となる．両辺を A_2 で割り，式 (4.9) を使うと，

$$p_2 - p_1 = \rho q_1 q_2 - \rho q_2^2 = \rho q_1^2 \frac{A_1}{A_2}\left(1 - \frac{A_1}{A_2}\right) \tag{4.12}$$

となる．$A_1 < A_2$ であるから，$p_2 > p_1$ となるが，ベルヌーイの定理は成立しない．これは管断面積が急に拡大することにより，管の隅に渦流が形成され，エネルギーが失われるためである．急拡大によるエネルギー損失を見積もるため，総圧 $p_0 = \rho H$ を求める．

$$p_0^{(1)} = \rho H_1 = p_1 + \frac{\rho}{2} q_1^2$$
$$p_0^{(2)} = \rho H_2 = p_2 + \frac{\rho}{2} q_2^2$$

とおくと，式 (4.12) より，

$$\begin{aligned}p_0^{(2)} - p_0^{(1)} &= (p_2 - p_1) + \frac{\rho}{2}(q_2^2 - q_1^2) = \frac{\rho}{2}(2 q_1 q_2 - q_1^2 - q_2^2) \\ &= -\frac{\rho}{2}(q_1 - q_2)^2 = -\frac{\rho}{2} q_1^2 \left(1 - \frac{A_1}{A_2}\right)^2\end{aligned} \tag{4.13}$$

となり，総圧 p_0 は一定値を保たず減少する．総圧の減少 $\Delta p_0 = p_0^{(1)} - p_0^{(2)}$ を**圧力損失**という．

4.2 運動方程式の変形

オイラーの運動方程式

$$\frac{D\boldsymbol{v}}{Dt} = \frac{\partial \boldsymbol{v}}{\partial t} + (\boldsymbol{v} \cdot \mathrm{grad})\boldsymbol{v} = \boldsymbol{F} - \frac{1}{\rho}\mathrm{grad}\, p \tag{4.14}$$

の加速度項 $D\boldsymbol{v}/Dt$ を次のように変形する．流速の自乗を

$$q^2 = u^2 + v^2 + w^2 \tag{4.15}$$

と表し，これに $1/2$ を掛けたものを x, y, z で偏微分すると，

$$\begin{aligned}
\frac{\partial}{\partial x}\left(\frac{1}{2}q^2\right) &= u\frac{\partial u}{\partial x} + v\frac{\partial v}{\partial x} + w\frac{\partial w}{\partial x} \\
\frac{\partial}{\partial y}\left(\frac{1}{2}q^2\right) &= u\frac{\partial u}{\partial y} + v\frac{\partial v}{\partial y} + w\frac{\partial w}{\partial y} \\
\frac{\partial}{\partial z}\left(\frac{1}{2}q^2\right) &= u\frac{\partial u}{\partial z} + v\frac{\partial v}{\partial z} + w\frac{\partial w}{\partial z}
\end{aligned} \tag{4.16}$$

となる．これらの式を運動方程式の移流項 $(\boldsymbol{v}\cdot\mathrm{grad})\boldsymbol{v}$ から差し引いて変形を行うと，

$$\begin{aligned}
u\frac{\partial u}{\partial x} &+ v\frac{\partial u}{\partial y} + w\frac{\partial u}{\partial z} - \frac{\partial}{\partial x}\left(\frac{1}{2}q^2\right) \\
&= v\left(\frac{\partial u}{\partial y} - \frac{\partial v}{\partial x}\right) + w\left(\frac{\partial u}{\partial z} - \frac{\partial w}{\partial x}\right) = w\eta - v\zeta \\
u\frac{\partial v}{\partial x} &+ v\frac{\partial v}{\partial y} + w\frac{\partial v}{\partial z} - \frac{\partial}{\partial y}\left(\frac{1}{2}q^2\right) \\
&= u\left(\frac{\partial v}{\partial x} - \frac{\partial u}{\partial y}\right) + w\left(\frac{\partial v}{\partial z} - \frac{\partial w}{\partial y}\right) = u\zeta - w\xi \\
u\frac{\partial w}{\partial x} &+ v\frac{\partial w}{\partial y} + w\frac{\partial w}{\partial z} - \frac{\partial}{\partial z}\left(\frac{1}{2}q^2\right) \\
&= u\left(\frac{\partial w}{\partial x} - \frac{\partial u}{\partial z}\right) + v\left(\frac{\partial w}{\partial y} - \frac{\partial v}{\partial z}\right) = v\xi - u\eta
\end{aligned} \tag{4.17}$$

となる．ここで，ξ, η, ζ は式 (3.18) に示した渦度 $\boldsymbol{\omega}$ の x, y, z 成分である．これらの式を運動方程式 (4.14) に代入すると次のようになる．

4.2 運動方程式の変形

$$\frac{\partial u}{\partial t} - (v\zeta - w\eta) = F_x - \frac{1}{\rho}\frac{\partial p}{\partial x} - \frac{\partial}{\partial x}\left(\frac{1}{2}q^2\right)$$

$$\frac{\partial v}{\partial t} - (w\xi - u\zeta) = F_y - \frac{1}{\rho}\frac{\partial p}{\partial y} - \frac{\partial}{\partial y}\left(\frac{1}{2}q^2\right) \quad (4.18)$$

$$\frac{\partial w}{\partial t} - (u\eta - v\xi) = F_z - \frac{1}{\rho}\frac{\partial p}{\partial z} - \frac{\partial}{\partial z}\left(\frac{1}{2}q^2\right)$$

ここで,式 (4.18) の左辺第 2 項は,次のように速度ベクトル $\boldsymbol{v}$ と渦度ベクトル $\boldsymbol{\omega}$ のベクトル積 $\boldsymbol{v} \times \boldsymbol{\omega}$ の x, y, z 成分になっている.

$$\boldsymbol{v} \times \boldsymbol{\omega} = \begin{vmatrix} \boldsymbol{i} & \boldsymbol{j} & \boldsymbol{k} \\ u & v & w \\ \xi & \eta & \zeta \end{vmatrix} = (v\zeta - w\eta)\boldsymbol{i} + (w\xi - u\zeta)\boldsymbol{j} + (u\eta - v\xi)\boldsymbol{k} \quad (4.19)$$

したがって式 (4.18) をベクトル表示すると

$$\frac{\partial \boldsymbol{v}}{\partial t} = \boldsymbol{F} - \frac{1}{\rho}\operatorname{grad} p - \operatorname{grad}\left(\frac{1}{2}q^2\right) + \boldsymbol{v} \times \boldsymbol{\omega} \quad (4.20)$$

となる.式 (4.20) は,付録の式 (A.18) からも導くことができる.

バロトロピー流体を対象とすると,密度 ρ と圧力 p の間には,

$$\rho = f(p) \quad (4.21)$$

なる関係が成立するため,

$$dP = \frac{dp}{\rho} \quad \text{すなわち} \quad P = \int_p \frac{dp}{\rho} \quad (4.22)$$

で定義される P もまた圧力 p のみの関数となり,式 (4.22) から

$$\left(\frac{\partial P}{\partial x}, \frac{\partial P}{\partial y}, \frac{\partial P}{\partial z}\right) = \frac{1}{\rho}\left(\frac{\partial p}{\partial x}, \frac{\partial p}{\partial y}, \frac{\partial p}{\partial z}\right) \quad (4.23)$$

すなわち

$$\operatorname{grad} P = \frac{1}{\rho}\operatorname{grad} p \quad (4.24)$$

となり,式 (4.20) は

$$\frac{\partial \boldsymbol{v}}{\partial t} = \boldsymbol{F} - \operatorname{grad}\left(P + \frac{1}{2}q^2\right) + \boldsymbol{v} \times \boldsymbol{\omega} \quad (4.25)$$

となる.

4.3 静水力学

流体が静止している場合，$\boldsymbol{v}=0$ となり，式 (4.25) は

$$\boldsymbol{F} = \operatorname{grad} P \tag{4.26}$$

となる．これは外力 $\boldsymbol{F}$ が**保存力**であることを表している．外力のポテンシャルを Λ とすると，

$$\boldsymbol{F} = -\operatorname{grad} \Lambda \tag{4.27}$$

となり，式 (4.26) から

$$\operatorname{grad}(P+\Lambda) = 0 \quad \text{すなわち} \quad P+\Lambda = 一定 \tag{4.28}$$

となる．バロトロピー流体を仮定すると等圧面と等密度面は一致し，さらに式 (4.28) からこれは**等ポテンシャル面**にもなっていることが分かる．

流体がバロトロピー的ではないが，外力が保存力である場合，流体が静止していれば運動方程式 (4.20) から

$$\boldsymbol{F} = -\operatorname{grad} \Lambda = \frac{1}{\rho}\operatorname{grad} p \tag{4.29}$$

となる．両辺の rot をとると，$\operatorname{rot}\operatorname{grad}\Lambda = 0$ および $\operatorname{rot}\operatorname{grad} p = 0$ であるから，

$$
\begin{aligned}
0 &= \operatorname{rot}\left(\frac{1}{\rho}\operatorname{grad} p\right) \\
&= \begin{vmatrix} \boldsymbol{i} & \boldsymbol{j} & \boldsymbol{k} \\ \frac{\partial}{\partial x} & \frac{\partial}{\partial y} & \frac{\partial}{\partial z} \\ \frac{1}{\rho}\frac{\partial p}{\partial x} & \frac{1}{\rho}\frac{\partial p}{\partial y} & \frac{1}{\rho}\frac{\partial p}{\partial z} \end{vmatrix} \\
&= \frac{1}{\rho}\begin{vmatrix} \boldsymbol{i} & \boldsymbol{j} & \boldsymbol{k} \\ \frac{\partial}{\partial x} & \frac{\partial}{\partial y} & \frac{\partial}{\partial z} \\ \frac{\partial p}{\partial x} & \frac{\partial p}{\partial y} & \frac{\partial p}{\partial z} \end{vmatrix} + \begin{vmatrix} \boldsymbol{i} & \boldsymbol{j} & \boldsymbol{k} \\ \frac{\partial}{\partial x}\left(\frac{1}{\rho}\right) & \frac{\partial}{\partial y}\left(\frac{1}{\rho}\right) & \frac{\partial}{\partial z}\left(\frac{1}{\rho}\right) \\ \frac{\partial p}{\partial x} & \frac{\partial p}{\partial y} & \frac{\partial p}{\partial z} \end{vmatrix} \\
&= \frac{1}{\rho}\operatorname{rot}\operatorname{grad} p + \operatorname{grad}\left(\frac{1}{\rho}\right)\times\operatorname{grad} p = -\frac{1}{\rho^2}\operatorname{grad}\rho\times\operatorname{grad} p
\end{aligned}
\tag{4.30}
$$

となる．これは付録の式 (A.20) からも導くことができる．したがって $\operatorname{grad}\rho$

4.3 静水力学

と $\mathrm{grad}\, p$ は平行となり,等圧面と等密度面は互いに一致することとなる.保存力のもとで静止している流体の場合,等圧面と等密度面は一致し,外力の等ポテンシャル面でもある.

地表面付近の現象を対象とする場合,外力として重力を考慮に入れる場合が多い.この場合,鉛直上方に z 軸をとると式 (4.29) は

$$\frac{\partial p}{\partial x} = 0, \quad \frac{\partial p}{\partial y} = 0, \quad \frac{\partial p}{\partial z} = -\rho g \tag{4.31}$$

となる.式 (4.31) から圧力は z 方向にのみ変化し,x, y 方向には変化しないことが分かる.このことから圧力を決定する方程式は次のような z に関する常微分方程式となる.

$$\frac{dp}{dz} = -\rho g \tag{4.32}$$

非圧縮性流体のような密度が一定の流体の場合,上式は容易に積分できて,

$$p - p_0 = -\rho g (z - z_0) \tag{4.33}$$

となる.ここで,z_0 は基準点の z 座標,p_0 は基準点における圧力である.

4.4 渦なし流れ

渦なし流れの場合,$\omega = \operatorname{rot} v = 0$ であり,任意の Φ に対して $\operatorname{rot} \operatorname{grad} \Phi = 0$ であることから,速度 v は

$$v = \operatorname{grad} \Phi \tag{4.34}$$

とおくことができる.ここで Φ は速度ポテンシャルである.以上から運動方程式 (4.25) は

$$F = \operatorname{grad}\left(\frac{\partial \Phi}{\partial t} + \frac{1}{2}q^2 + P\right) \tag{4.35}$$

となり,流れが渦なしであるためには外力 F が保存力でなければならない.外力のポテンシャルを Λ として,

$$F = -\operatorname{grad}\Lambda$$

とおくと,式 (4.35) は

$$\operatorname{grad}\left(\frac{\partial \Phi}{\partial t} + \frac{1}{2}q^2 + P + \Lambda\right) = 0$$

となり,積分すると

$$\frac{\partial \Phi}{\partial t} + \frac{1}{2}q^2 + P + \Lambda = g(t) \tag{4.36}$$

となる.ここで $g(t)$ は時間の任意関数である.式 (4.36) は**圧力方程式**あるいは**一般化されたベルヌーイの定理**と呼ばれている.

圧力方程式は対象が渦なし流れに限定されるが,非定常流にも適用可能であり,式 (4.36) の右辺は時間の関数ではあるが,流れ場全体に共通の定数である.この意味でベルヌーイの定理に比べて適用範囲は広く,完全流体における力の計算は圧力方程式を用いて行われることが多い.

4.5 定常流れ

保存力の場での**定常流れ**では

$$\frac{\partial \boldsymbol{v}}{\partial t} = 0, \quad \boldsymbol{F} = -\operatorname{grad} \Lambda$$

となり，式 (4.25) は

$$\operatorname{grad}\left(\frac{1}{2}q^2 + P + \Lambda\right) = \boldsymbol{v} \times \boldsymbol{\omega} \tag{4.37}$$

となる．左辺の括弧内を H とおき，

$$H = \frac{1}{2}q^2 + P + \Lambda \tag{4.38}$$

でベルヌーイ関数を定義すると，式 (4.37) は

$$\operatorname{grad} H = \boldsymbol{v} \times \boldsymbol{\omega} \tag{4.39}$$

となる．

流れの中でベルヌーイ関数 H が一定値をとる場合，式 (4.39) から

$$\boldsymbol{v} \times \boldsymbol{\omega} = 0 \tag{4.40}$$

となる．これは $\boldsymbol{\omega} = 0$ すなわち渦なし流れか，流線と渦線がいたるところ平行であるかのいずれかの場合に達成される．逆に $\boldsymbol{v} \times \boldsymbol{\omega} = 0$ であれば，$H = $ 一定となる．すなわち，流れが渦なしの場合，あるいは渦運動をしていても渦線と流線が一致する場合，ベルヌーイ関数は流れの中いたるところで一定値をとる．

流れの中でベルヌーイ関数 H が変化する場合，

$$H = 一定 \tag{4.41}$$

は図 4.9 に示すように 1 つの曲面を形成し，この面は**ベルヌーイ面**と呼ばれる．このベルヌーイ面に対する法線ベクトルを $\boldsymbol{n}$ とすれば $\boldsymbol{n} \mathbin{/\mkern-6mu/} \operatorname{grad} H$ であるから式 (4.39) より

$$\boldsymbol{v} \times \boldsymbol{\omega} \mathbin{/\mkern-6mu/} \boldsymbol{n}$$

となる．$\boldsymbol{v} \times \boldsymbol{\omega}$ は $\boldsymbol{v}$ と $\boldsymbol{\omega}$ に垂直なベクトルであるから，$\boldsymbol{v}$ および $\boldsymbol{\omega}$ は $\boldsymbol{n}$ に垂直となり，ベルヌーイ面に平行である．これは流線と渦線がベルヌーイ面上にあることを示している．以上まとめると，1 つの流線上ではベルヌーイ関数 H

は一定値をとる．これは**ベルヌーイの定理**と呼ばれている．より厳密には，流線と渦線とで張られた曲面上で $H = (1/2)q^2 + P + \Lambda$ は一定値となる．このようにして式 (4.1) が得られる．

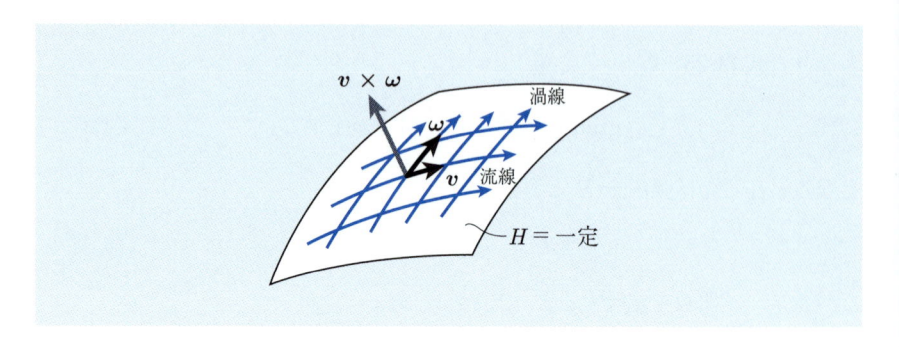

図 4.9 ベルヌーイ面

4.4 節で示した圧力方程式の場合，渦なしの仮定が重要であり，式 (4.36) の右辺の $g(t)$ は流れの中いたるところで同じ値をとる．一方，ベルヌーイの定理の場合，定常流の仮定が重要である．この定理は渦運動の場合にも適用できる．また一定値 H は流線ごと（ベルヌーイ面ごと）に値が異なる．

定常で渦なしの流れでは圧力方程式とベルヌーイの定理は一致する．このようなことから圧力方程式を**一般化されたベルヌーイの定理**と呼ぶことがある．

4.6 流線曲率の定理

ベルヌーイの定理は，1本の流線上での流速変化に応じて圧力がどのように変化するかを示すものであり，渦なし流れの場合を除いて異なる流線上の2点の圧力の関係を記述するものではない．流線に直交する方向への圧力の変化を明らかにするために，非圧縮性流体の定常流を考える．外力は作用しないと仮定すると，運動方程式 (4.14) は

$$(\boldsymbol{v} \cdot \mathrm{grad}) \boldsymbol{v} = -\frac{1}{\rho} \mathrm{grad}\, p \quad (4.42)$$

となる．図 4.10 に示すような流線を考え，流線に沿って測った長さを s，接線方向の単位ベクトル（**接線ベクトル**）を $\boldsymbol{t}$，流速の大きさを q とすると，

$$\boldsymbol{v} \cdot \mathrm{grad} = q \frac{\partial}{\partial s}$$
$$\boldsymbol{v} = q\boldsymbol{t}$$

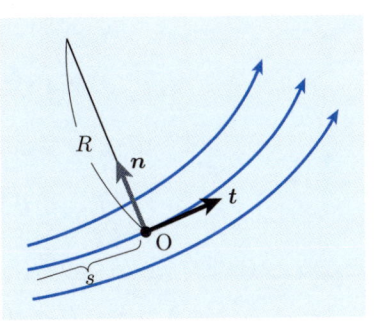

図 4.10 流線曲率

であるから，

$$(\boldsymbol{v} \cdot \mathrm{grad}) \boldsymbol{v} = q \frac{\partial}{\partial s}(q\boldsymbol{t})$$
$$= q \frac{\partial q}{\partial s} \boldsymbol{t} + q^2 \frac{\partial \boldsymbol{t}}{\partial s}$$

となる．また，図 4.11 に示すように，

$$\Delta \boldsymbol{t} = \boldsymbol{t}_2 - \boldsymbol{t}_1 = \Delta \theta \boldsymbol{n}$$

よって

$$\lim_{\Delta s \to 0} \frac{\Delta \boldsymbol{t}}{\Delta s} = \lim_{\Delta \theta \to 0} \frac{\boldsymbol{n} \Delta \theta}{R \Delta \theta} = \frac{\boldsymbol{n}}{R}$$
$$\frac{\partial \boldsymbol{t}}{\partial s} = \frac{1}{R} \boldsymbol{n}, \quad \kappa = \frac{1}{R} \quad (4.43)$$

となる．ただし，$\boldsymbol{n}$ は流線の法線ベクトル，κ は**曲率**，R は**曲率半径**である．したがって式 (4.42) は，

$$\mathrm{grad}\, p = -\frac{\rho}{2} \frac{\partial q^2}{\partial s} \boldsymbol{t} - \kappa \rho q^2 \boldsymbol{n} \quad (4.44)$$

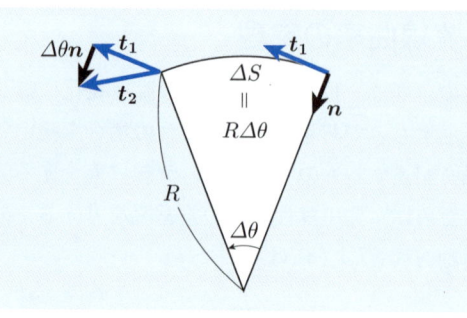

図 4.11 流線と曲率の関係

となる．すなわち，圧力は t と n のつくる平面内で変化し，その勾配は，

$$\frac{\partial p}{\partial s} = -\frac{\rho}{2}\frac{\partial q^2}{\partial s}, \quad \frac{\partial p}{\partial n} = -\kappa \rho q^2 \qquad (4.45)$$

となる．バロトロピー流体の場合，式 (4.45) の第 1 式は，式 (4.22) より

$$\frac{\partial}{\partial s}\left(\int \frac{dp}{\rho} + \frac{1}{2}q^2\right) = 0$$

となり，s で積分するとベルヌーイの定理が得られる．

式 (4.45) の第 2 式は法線方向の圧力勾配を与える．すなわち，流線が曲がっている場合，曲率中心に向かって圧力が低下し，その勾配は速度の 2 乗と流線の曲率の積に比例する．これは**流線曲率の定理**と呼ばれており，流体粒子が曲線運動をするのに必要な向心力は圧力勾配によりまかなわれることを意味する．

例題 4.1

コップの中の水をかき回すと水面がくぼむのはなぜか．

【解答】 コップの中の水が回転している場合，コップの中のある高さにおける平面内でその流線は閉じており，流線曲率の定理よりその閉じた流線の中心部分の圧力は低くなっている．その水平面内で圧力の違いが出るためには，高さ方向つまりその平面より上部にある水の高さの違いによる水圧がその平面内の圧力の違いを反映していると考えられるので，コップの中央の水面は低く，中心から外側へ行くほど水面が高くなっていると考えられる．

4 章 の 問 題

□ **1** 図 4.12 に示すように水道の蛇口から出る水にスプーンを近づけると，スプーンが吸いつけられる理由を説明せよ．

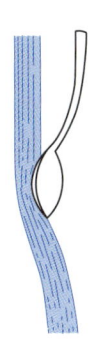

図 4.12

□ **2** 重力場中で一様な角速度 Ω で軸周りに回転している円筒がある．この中の非圧縮性液体の表面の形状を求めよ．

□ **3** 図 4.13 に示すような絞りを管路の一部に挿入する．管壁からの剥離や乱れが生じないように，管は滑らかに絞り，緩やかに拡大する．断面①，②での断面積および静圧 A_1, A_2, p_1, p_2 を用いて，断面①での流速 v_1 を求めよ．

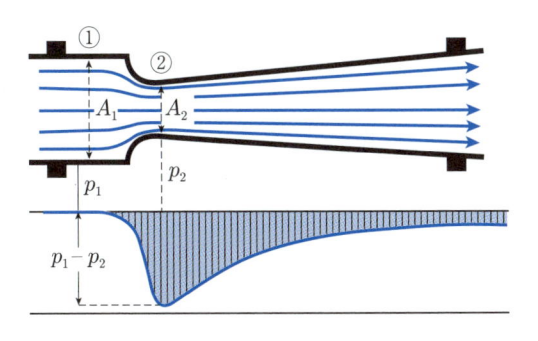

図 4.13

□ **4** 図 4.14 に示すように断面積が変化する管に水が流れている．管の側壁に立てた細い管内の水柱の高さをそれぞれ h_a, h_b, h_c とし，水柱の差 $h_a - h_b$, $h_a - h_c$ を流量 Q，A，B，C での断面積 A_a, A_b, A_c および重力加速度 g を用いて表せ．ただし，$A_a > A_b$, $A_a = A_c$ とする．

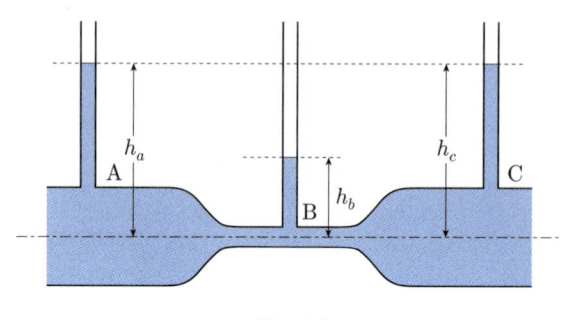

図 4.14

□ **5** 図 4.15 に示す水門 AB の長さは L，奥行き方向の幅は b であり，B を支点として回転することができる．水門の水平面からの角度が θ の時，水面の高さは h である．水門の質量は無視できるものとして，水門を静止させるのに必要な A 点に作用する力 P を ρ, b, g, L, θ の関数として示せ．ただし，水の密度は ρ，重力加速度は g とする．

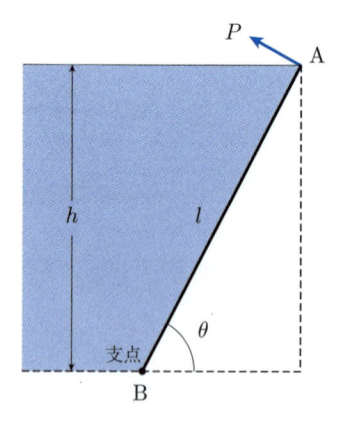

図 4.15

第5章
速度ポテンシャルと流れ関数

　本章では，はじめに速度ポテンシャルについて説明し，速度ポテンシャルの理解を深めるために必要な連結領域について述べる．次に2次元の非圧縮性流体を対象として流れ関数を導入する．また速度ポテンシャルの例として一様流，わき出し・吸い込み，2重わき出し，球を過ぎる一様流について説明する．

> 5.1　速度ポテンシャル
> 5.2　流れ関数
> 5.3　一様流とわき出し・吸い込み
> 5.4　2重わき出し
> 5.5　球を過ぎる一様流

第5章 速度ポテンシャルと流れ関数

5.1 速度ポテンシャル

4.4 節で見たように，渦なし流れでは

$$\boldsymbol{\omega} = \operatorname{rot} \boldsymbol{v} = 0 \tag{5.1}$$

であり，ベクトル解析の公式

$$\operatorname{rot} \operatorname{grad} \Phi = 0$$

を用いると，流速ベクトル $\boldsymbol{v}$ は

$$\boldsymbol{v} = \operatorname{grad} \Phi \tag{5.2}$$

すなわち，

$$u = \frac{\partial \Phi}{\partial x}, \quad v = \frac{\partial \Phi}{\partial y}, \quad w = \frac{\partial \Phi}{\partial z} \tag{5.3}$$

のように1つのスカラー関数 Φ の勾配として表すことができる．この Φ を**速度ポテンシャル**と呼ぶ．

等ポテンシャル面

$$\Phi(x, y, z) = 一定 \tag{5.4}$$

に対する法線ベクトルを $\boldsymbol{n} = (l, m, n)$ とすると，

$$\boldsymbol{n} \mathbin{/\mkern-5mu/} \operatorname{grad} \Phi \tag{5.5}$$

したがって

$$\boldsymbol{n} \mathbin{/\mkern-5mu/} \boldsymbol{v}$$

となる．すなわち，図 5.1 に示すように流線は等ポテンシャル面に直交する．

速度の大きさを $q = |\boldsymbol{v}|$ とすると，

$$\boldsymbol{v} = q\boldsymbol{n} \tag{5.6}$$

となる．法線方向の微分 $\partial/\partial n$ を

$$\frac{\partial}{\partial n} = l\frac{\partial}{\partial x} + m\frac{\partial}{\partial y} + n\frac{\partial}{\partial z} = \boldsymbol{n} \cdot \operatorname{grad} \tag{5.7}$$

で定義すると

5.1 速度ポテンシャル

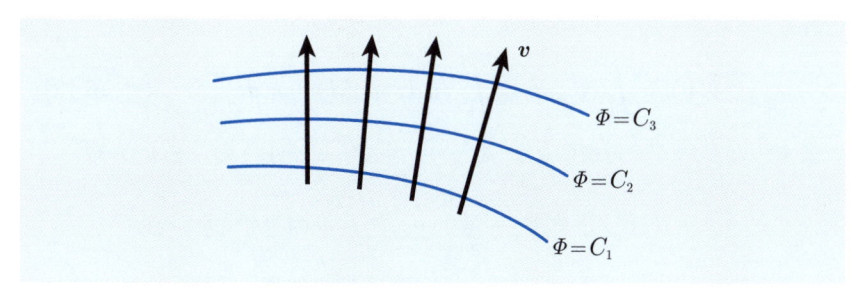

図 5.1 流線と等ポテンシャル面

$$\frac{\partial \Phi}{\partial n} = \bm{n} \cdot \operatorname{grad} \Phi = \bm{n} \cdot \bm{v} = q \tag{5.8}$$

となり，速度ポテンシャルの流線方向微分は速度の大きさになる．

非圧縮性流れの場合，連続の式

$$\operatorname{div} \bm{v} = \frac{\partial u}{\partial x} + \frac{\partial v}{\partial y} + \frac{\partial w}{\partial z} = 0 \tag{5.9}$$

に式 (5.2) を代入すると，

$$\Delta \Phi = \frac{\partial^2 \Phi}{\partial x^2} + \frac{\partial^2 \Phi}{\partial y^2} + \frac{\partial^2 \Phi}{\partial z^2} = 0 \tag{5.10}$$

となる．ここで，Δ は**ラプラス演算子**を表す．つまり，非圧縮性流体の渦なし流れでは，Φ は**ラプラス方程式**の解，すなわち**調和関数**でなければならない．

ラプラス方程式は線形であるので，解の重ね合わせが可能である．つまり，Φ_1 と Φ_2 が解ならば，

$$\Phi = C_1 \Phi_1 + C_2 \Phi_2 \quad (C_1, C_2 \text{ は任意の定数})$$

もまた解である．

領域 R 内の任意の 2 点 A，P を結ぶ曲線 C について

$$I(\mathrm{AP}) = \int_{\mathrm{A}}^{\mathrm{P}} \bm{v} \cdot d\bm{r} = \int_{\mathrm{A}}^{\mathrm{P}} (u\,dx + v\,dy + w\,dz) \tag{5.11}$$

で示される線積分 $I(\mathrm{AP})$ は**流速積分**と呼ばれ，領域内の任意の 2 点を結ぶ曲線がすべて互いに移しうるとき，流速積分は A，P のみに依存し，曲線 C のとり方によらない．点 A を固定して考えると，$I(\mathrm{ACP})$ は点 P のみの関数となり，

これを
$$\Phi(\mathrm{P}) = \int_\mathrm{A}^\mathrm{P} \boldsymbol{v} \cdot d\boldsymbol{r} = \int_\mathrm{A}^\mathrm{P} (u\,dx + v\,dy + w\,dz) \tag{5.12}$$
と表す．点 P のごく近傍に点 P' をとり，$\Phi(\mathrm{P})$ と $\Phi(\mathrm{P}')$ の差を求めると
$$\delta\Phi = \Phi(\mathrm{P}') - \Phi(\mathrm{P}) = \int_\mathrm{P}^{\mathrm{P}'} \boldsymbol{v} \cdot d\boldsymbol{r} = u\,\delta x + v\,\delta y + w\,\delta z$$
となる．ただし，$\delta\boldsymbol{r}(\delta x, \delta y, \delta z)$ はベクトル $\overrightarrow{\mathrm{PP}'}$ である．上式から
$$u = \frac{\partial\Phi}{\partial x}, \quad v = \frac{\partial\Phi}{\partial y}, \quad w = \frac{\partial\Phi}{\partial z} \tag{5.13}$$
$$\boldsymbol{v} = \mathrm{grad}\,\Phi \tag{5.14}$$
が得られる．すなわち，流速積分 (5.12) で定義される関数 Φ は上で説明した速度ポテンシャル Φ にほかならない．

ここで，速度ポテンシャルについての理解を深めるために，領域の連結性について述べる．空間内の領域 R 内に任意の 2 点 A，B をとるとき，R 内の連続曲線 C によって A，B を結ぶことができる場合，R は**連結領域**と呼ばれる．2 つの曲線 C, C' が，領域内を連続的に変形して一致する場合，C, C' は互いに移しうるという．図 5.2 の C, C' は互いに移しうるが，C, C'' は互いに移しえない．C と C' で形成される閉曲線は領域内で連続的に変形することにより 1 点に縮めることができ，このような閉曲線は縮められる閉曲線と呼ばれる．

領域 R 内のすべての閉曲線が 1 点に縮められるとき，領域 R は**単連結**である．単連結でない領域は**多重連結**である．いま図 5.3 のような領域を考える．

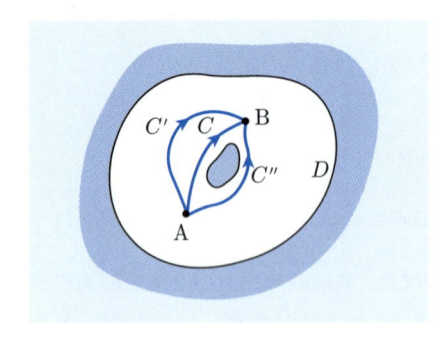

図 5.2　2 重連結領域　　　図 5.3　3 重連結領域

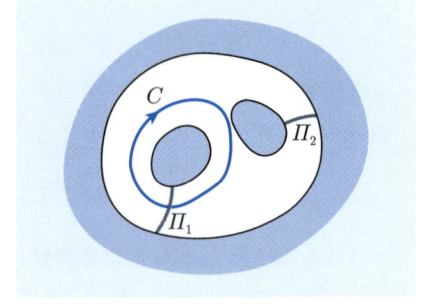

5.1 速度ポテンシャル

曲線 C は 1 点に縮められないから，この領域は単連結ではない．しかし図に示すように切れ目 Π_1, Π_2 を入れ，曲線がこの切れ目を通過できないようにすると領域は単連結になる．この図に示すように 2 つの切れ目を入れることにより単連結となる領域は 3 重連結と呼ばれる．一般に $n-1$ 個の切れ目を入れることにより単連結となる場合，その領域は n 重連結と呼ばれる．

式 (5.11) で示される線積分 $I(\mathrm{AB})$ は曲線 C に沿っての流速積分と呼ばれ，点 A, B が一致して閉曲線をつくる場合，線積分 $I(\mathrm{AB})$ は式 (3.23) に示した循環 $\Gamma(C)$ となる．

$$\Gamma(C) = \oint_C \boldsymbol{v} \cdot d\boldsymbol{r} = \iint_S \boldsymbol{\omega} \cdot d\boldsymbol{S} = 0 \tag{5.15}$$

図 5.4 に示すような 2 点 A, B を結ぶ 2 つの曲線 C, C' を考える．C と C' が互いに移動しうる場合，C と C' をつないで 1 つの閉曲線をつくると，渦なし流れではこの閉曲線についての循環はゼロとなるため，流速積分は C と C' で同じ値をとる．

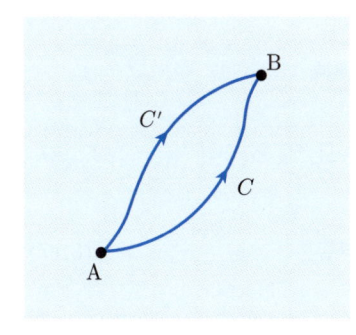

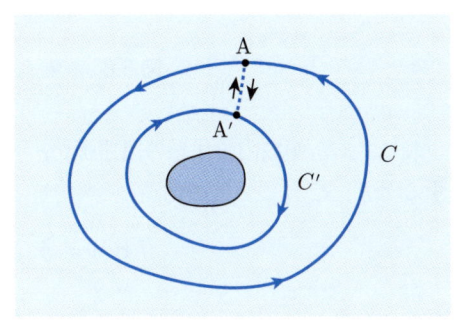

図 5.4　2 つの経路　　図 5.5　2 重連結領域における循環

C と C' が互いに移しうる閉曲線の場合，図 5.5 に示すように C と C' を曲線 $\mathrm{AA'}$ で結び，$\mathrm{ACAA'C'A'A}$ という閉曲線についての循環を考えると式 (3.27) を導出したのと同じ理由により，C と C' についての循環は等しくなる．

$$\Gamma(C) = \Gamma(C') \tag{5.16}$$

渦なし流れの場合，単連結領域では，任意の閉曲線は 1 点に縮めることができるため，循環は常にゼロであるが，多重連結領域の場合，一般に循環はゼロ

ではない.

図 5.6 に示すような 4 重連結領域を考える. この場合 3 個の切れ目 Π_1, Π_2, Π_3 を入れると領域は単連結になる. 図中の C, C' のように切れ目 Π_1 を同じ向きに 1 回通過する閉曲線は互いに移しうるから, その循環は一定値 Γ_1 となる. これらと反対の向きに切れ目 Π_1 を 1 回だけ通過する閉曲線の場合, その循環は $-\Gamma_1$ となる.

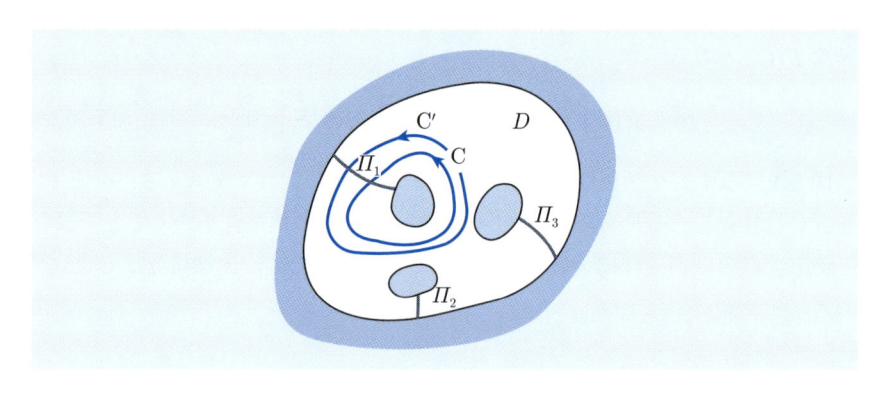

図 5.6 4 重連結領域

一般に, ある領域内の任意の閉曲線が, 切れ目 Π_i を p_i 回 ($i = 1, 2, \ldots$) 通過するとき, C についての循環は

$$\Gamma(C) = \sum_i p_i \Gamma_i \tag{5.17}$$

となる. ただし, p_i は正の向きに通過する場合には正の値を, 負の向きに通過する場合には負の値をとる. このように多重連結領域では, 渦なし流れでも, 循環は一般にゼロではない. また Γ_i は**循環定数**と呼ばれる.

式 (5.14) で示したように, 単連結領域の場合, 流速積分で定義される関数 Φ は速度ポテンシャルとなるが, 多重連結領域の場合, どのようになるであろうか. 図 5.7 に示すように A, P を結ぶ任意の曲線を C とし, 領域に切れ目を入れて単連結にする. この領域で A, P を結ぶ任意の曲線 C' をとると, 流速積分 $I(AC'P)$ は C' に依存しない P だけの 1 価関数となる. C, C' をつないで閉曲線をつくると, それに沿っての循環は,

5.1 速度ポテンシャル

$$I(\mathrm{ACPC'A}) = I(\mathrm{ACP}) + I(\mathrm{PC'A})$$
$$= I(\mathrm{ACP}) - I(\mathrm{AC'P})$$
$$= \Phi(\mathrm{P}) - I(\mathrm{AC'P})$$

となる．ここで，式 (5.17) より

$$I(\mathrm{ACPC'A}) = p_1 \Gamma_1$$

であるため，

$$\Phi(\mathrm{P}) = \int_\mathrm{A}^\mathrm{P} \bm{v} \cdot d\bm{r} = I(\mathrm{AC'P}) + p_1 \Gamma_1 \tag{5.18}$$

となる．$I(\mathrm{AC'P})$ は点 P の 1 価関数なので，速度ポテンシャル Φ は循環定数の整数倍だけの多価性を有することが分かる．

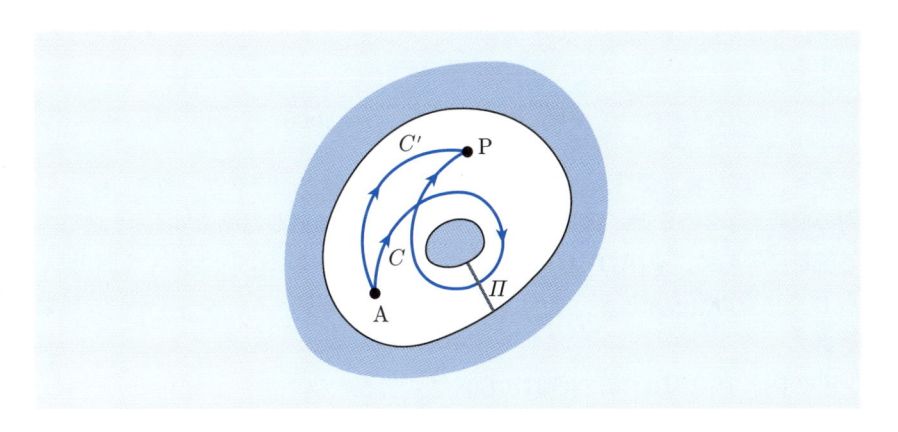

図 5.7 速度ポテンシャルの多価性

流れの中に物体や渦運動している部分がある場合，残りの渦なしの領域は一般に多重連結となる．その渦なしの領域での速度ポテンシャルを Φ，領域内の任意の閉曲線を C とすれば，C に沿っての循環は

$$\Gamma(C) = \oint_C \bm{v} \cdot d\bm{r} = \oint_C \left(\frac{\partial \Phi}{\partial x} dx + \frac{\partial \Phi}{\partial y} dy + \frac{\partial \Phi}{\partial z} dz \right)$$
$$= \oint_C d\Phi = [\Phi]_C \tag{5.19}$$

となる．ここで $[\Phi]_C$ は C を 1 周するときの Φ の変化である．

5.2 流れ関数

2次元的な流れ場を考え,非圧縮性流体を対象とすると,質量保存式は

$$\mathrm{div}\,\boldsymbol{v} = \frac{\partial u}{\partial x} + \frac{\partial v}{\partial y} = 0 \tag{5.20}$$

となる.この場合,任意の関数 $\Psi(x,y,t)$ を用いて

$$u = \frac{\partial \Psi}{\partial y}, \quad v = -\frac{\partial \Psi}{\partial x} \tag{5.21}$$

とおくと質量保存式は自動的に満たされる.Ψ は**流れ関数**と呼ばれる.

ここで流れ関数についての理解を深めるために,図 5.8 に示すように流れの中に任意の 2 点 A, P をとり,左から右に横切る単位時間あたりの流量を $\Psi(\mathrm{A},\mathrm{P};C)$ とすると

$$\Psi(\mathrm{A},\mathrm{P};C) = \int_{\mathrm{A}(C)}^{\mathrm{P}} v_n\,ds$$

となる.ただし,v_n は C の右向きを正とする法線方向の成分である.C とは別の曲線 C' をとると,質量保存の法則から C を通過した流量は C' を通過する流量に等しく,$\Psi(\mathrm{A},\mathrm{P};C)$ は曲線 C の選び方によらない.点 A を固定し,点 P を任意の点とすると,Ψ は P のみの関数となる.この $\Psi(\mathrm{P})$ が流れ関数である.

2 点 P_1, P_2 における流れ関数の差

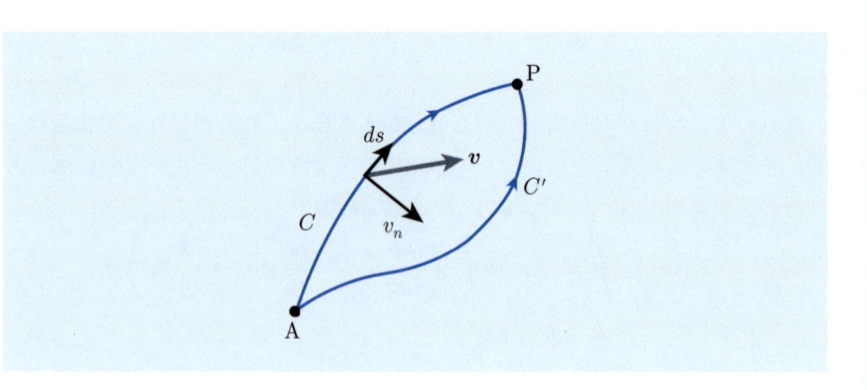

図 5.8 流れ関数と流量

5.2 流れ関数

$$\Psi(\mathrm{P_2}) - \Psi(\mathrm{P_1}) = \int_{\mathrm{A}}^{\mathrm{P_2}} v_n\,ds - \int_{\mathrm{A}}^{\mathrm{P_1}} v_n\,ds$$
$$= \int_{\mathrm{P_1}}^{\mathrm{P_2}} v_n\,ds$$

は $\mathrm{P_1}$ と $\mathrm{P_2}$ を結ぶ曲線を左から右に通過する単位時間あたりの流量を表す.

P の座標を (x,y) とすると,流れ関数は $\Psi(x,y)$ と表すことができ,

$$\Psi(x,y) = \text{一定} \tag{5.22}$$

なる曲線上のどの部分をとっても,その両端の流れ関数の差はゼロであり,その部分を横切る流れはないため,式 (5.22) は流線を表す.

近接した 2 点 P, P$'$ における流れ関数の差

$$\delta\Psi \equiv \Psi(\mathrm{P}') - \Psi(\mathrm{P}) = \int_{\mathrm{P}}^{\mathrm{P}'} v_n\,ds \approx v_n \delta s$$

より,

$$v_n = \frac{\partial \Psi}{\partial s} \tag{5.23}$$

が得られる.これから図 5.9 に示すように,速度 $\boldsymbol{v}$ のある方向の成分を求めるには,それを直角に左に回った方向に Ψ を微分すればよい.速度の x 成分 u を求めるには y 方向に,y 成分 v を求めるには $-x$ 方向に微分すればよく

$$\begin{aligned} u &= \frac{\partial \Psi}{\partial y} \\ v &= -\frac{\partial \Psi}{\partial x} \end{aligned} \tag{5.24}$$

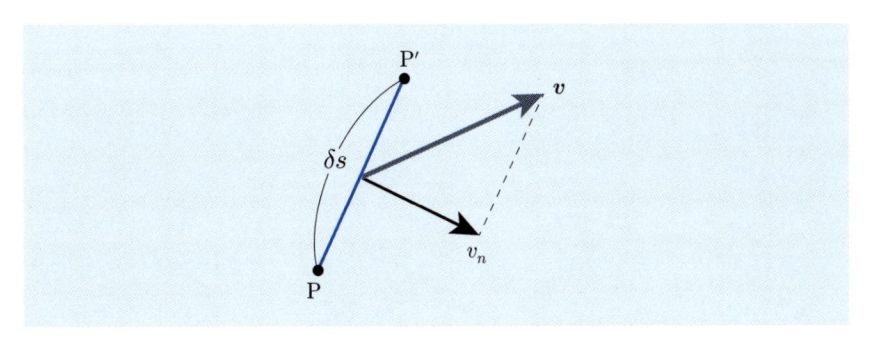

図 5.9 流れ関数と速度

となる．これは式 (5.21) にほかならない．

極座標系では，線要素 ds は，$r\,d\theta$，$-dr$ となるため

$$v_r = \frac{1}{r}\frac{\partial \Psi}{\partial \theta}$$
$$v_\theta = -\frac{\partial \Psi}{\partial r}$$
(5.25)

となる．

2 次元流れでは，z 方向速度 $w=0$ で，$\partial/\partial z = 0$ であるため，渦度 $\boldsymbol{\omega}$ は

$$\boldsymbol{\omega} = \mathrm{rot}\,\boldsymbol{v} = \begin{vmatrix} \boldsymbol{i} & \boldsymbol{j} & \boldsymbol{k} \\ \frac{\partial}{\partial x} & \frac{\partial}{\partial y} & \frac{\partial}{\partial z} \\ u & v & 0 \end{vmatrix} = \left(0, 0, \frac{\partial v}{\partial x} - \frac{\partial u}{\partial y}\right)$$

となり，渦度ベクトルは z 軸に平行になる．渦度の大きさを Ψ を用いて表すと

$$\omega = \frac{\partial v}{\partial x} - \frac{\partial u}{\partial y} = -\frac{\partial^2 \Psi}{\partial x^2} - \frac{\partial^2 \Psi}{\partial y^2} = -\Delta \Psi \tag{5.26}$$

となる．ここで

$$\Delta \equiv \frac{\partial^2}{\partial x^2} + \frac{\partial^2}{\partial y^2}$$

である．渦なし流れの場合

$$\Delta \Psi = 0 \tag{5.27}$$

となり，流れ関数は速度ポテンシャルと同様に調和関数でなければならない．

5.3 一様流とわき出し・吸い込み

1次関数のポテンシャルは次のように表される.

$$\Phi = \boldsymbol{U} \cdot \boldsymbol{x} \quad (\boldsymbol{U} = (U_1, U_2, U_3):\text{定数ベクトル}) \tag{5.28}$$

このポテンシャルの表す流れは

$$\boldsymbol{v} = \text{grad}\,\Phi = \boldsymbol{U} \tag{5.29}$$

となり,$\boldsymbol{x}$のどの位置でも同じ速度を表す.このような流れを**一様流**という.

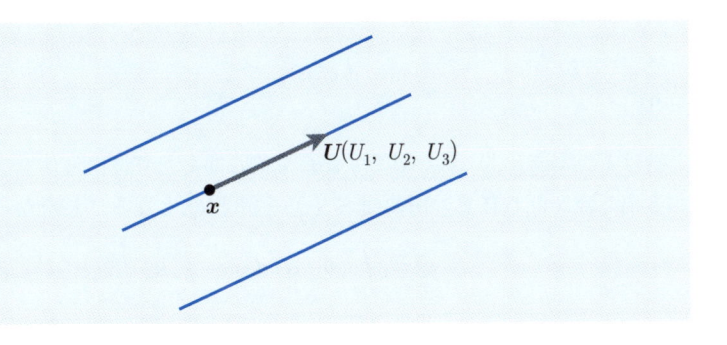

図 5.10 一様流(実線:流線)

わき出し,あるいは吸い込みの流れは1点を中心とした球対称な解となる.原点を中心とする極座標を$\boldsymbol{x} = (r, \theta, \phi)$で表し,$\Phi$は$r$だけの関数とすると,ラプラス方程式 (5.10) は

$$\Delta \Phi = \frac{1}{r^2}\frac{\partial}{\partial r}\left(r^2 \frac{\partial \Phi}{\partial r}\right) = 0 \tag{5.30}$$

となる.式 (5.30) の一般解は,

$$\Phi = -\frac{m}{r} + C = -\frac{m}{|\boldsymbol{x}|} + C \tag{5.31}$$

となる.ここで,mとCは定数である.ただし,定数Cは任意である.つまり,Φは空間微分のみ意味を持つ.

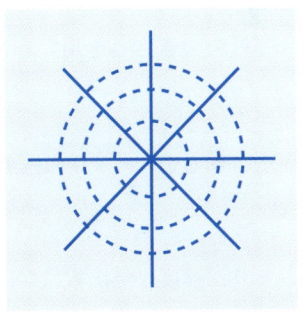

図 5.11 わき出し(吸い込み)(実線:流線,破線:等ポテンシャル線)

流れは，半径方向成分 u_r のみを有するので，

$$u_r = \frac{\partial \Phi}{\partial r} = \frac{m}{r^2} \tag{5.32}$$

$m > 0$ のとき $u_r > 0$ … 原点から外へ発散する流れ：**わき出し**

$m < 0$ のとき $u_r < 0$ … 外から原点へ収束する流れ：**吸い込み**

となる．

わき出しあるいは吸い込みが位置 $\boldsymbol{x}_0$ にある場合，速度ポテンシャルは

$$\Phi = -\frac{m}{|\boldsymbol{x} - \boldsymbol{x}_0|} \tag{5.33}$$

と書ける．わき出し（吸い込み）から単位時間あたりに出入りする流体の量は，わき出し点を囲む任意の閉曲面 S を通る流量 Q となる．したがって

$$\begin{aligned} Q &= \int_S (\boldsymbol{u} \cdot \boldsymbol{n}) \, dS = \int_S u_r \, dS \\ &= \frac{m}{r^2} 4\pi r^2 = 4\pi m \end{aligned} \tag{5.34}$$

となる．m は**わき出しの強さ**，または**吸い込みの強さ**を表す．当然ながら，流量 Q は半径 r に依存しない．

速度の大きさ q を用いると

$$q = |u_r| = \frac{|m|}{r^2} \tag{5.35}$$

と表されるが，$r = 0$ の原点では

$$r \to 0, \ q \to \infty \tag{5.36}$$

となり，速度が無限大に発散する．原点は**特異点**であり，特異点の近傍では圧縮性の効果を考慮に入れなくてはならない．

5.4 2重わき出し

同じ強さを持つわき出しと吸い込みを考える．点 Q_1 をわき出し，点 Q_2 を吸い込みとする．点 P におけるポテンシャルは

$$\Phi = -\frac{m}{r_1} + \frac{m}{r_2}, \quad r_1 = \overline{Q_1P},\ r_2 = \overline{Q_2P} \tag{5.37}$$

と表される．わき出しと吸い込みの間隔を $\overline{Q_1Q_2} = 2\varepsilon$ とする．ここで，わき出しと吸い込みの間隔を狭く，つまり $\varepsilon \to 0$ として，m を非常に大きくする．ただし，$2\varepsilon m = \mu$ を一定に保つ．

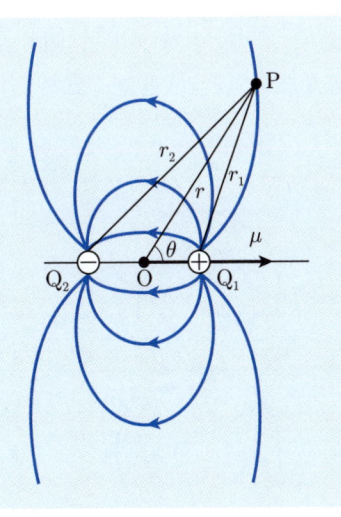

図 5.12 2重わき出し

この極限で，r_1, r_2 は，

$$\begin{pmatrix} r_2 \\ r_1 \end{pmatrix} = \sqrt{r^2 + \varepsilon^2 \pm 2\varepsilon r \cos\theta}$$

$$= r\left(1 \pm \frac{\varepsilon}{r}\cos\theta\right) + O(\varepsilon^2)$$

となる．このとき速度ポテンシャルは

$$\Phi = m\frac{r_1 - r_2}{r_1 r_2} \to -\frac{\mu\cos\theta}{r^2}$$

となり，**2重わき出し**，または，**2重極**の速度ポテンシャルは

$$\Phi = -\frac{\mu \cos\theta}{r^2} = -\frac{(\boldsymbol{\mu} \cdot \boldsymbol{x})}{|\boldsymbol{x}^3|} \tag{5.38}$$

と表される．ここで，$\boldsymbol{x}$ はベクトル $\overrightarrow{\mathrm{OP}}$，$\mu$ は**2重わき出しの強さ**を表し，吸い込みからわき出しに向かう単位ベクトルを $\boldsymbol{e}$ とした場合，$\boldsymbol{\mu} = \mu \boldsymbol{e}$ は**2重わき出しモーメント**と呼ばれる．

■ 例題 5.1

図 5.13 のように静止流体中を半径 a の球が，速さ U で x 軸の正の方向に移動する場合を考える．このとき球の中心に強さ μ の2重わき出しがあるとして，球の周りの速度ポテンシャルが2重わき出しで表されることを示せ．

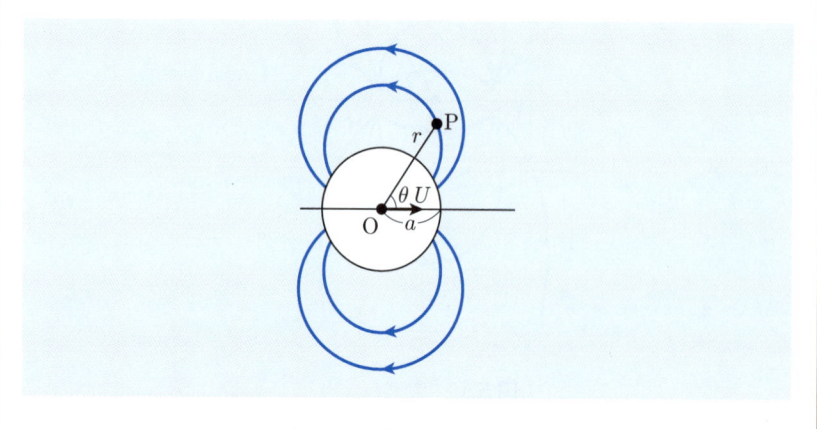

図 5.13 静止流体中を移動する球

【解答】 球の中心に2重わき出しがあるとすると，点 P における速度ポテンシャルは，式 (5.38) で表される．r 方向の速度 u_r は，式 (5.32) より，式 (5.38) を r で微分して，

$$u_r = \frac{\partial \Phi}{\partial r} = \frac{2\mu}{r^3} \cos\theta$$

$\theta = 0$ かつ $r = a$ において，$u_r = U$ より

5.4 2重わき出し

$$\mu = \frac{1}{2}Ua^3$$

よって，r 方向の速度は，球の半径 a を用いて

$$u_r = U\frac{a^3}{r^3}\cos\theta$$

となる．球の表面 $r = a$ における r 方向の速度は

$$u_r = U\cos\theta$$

となり，図 5.14 に示すように，これは球が速度 U で流体を押しのけていく際の，r 方向の速度に相当する．

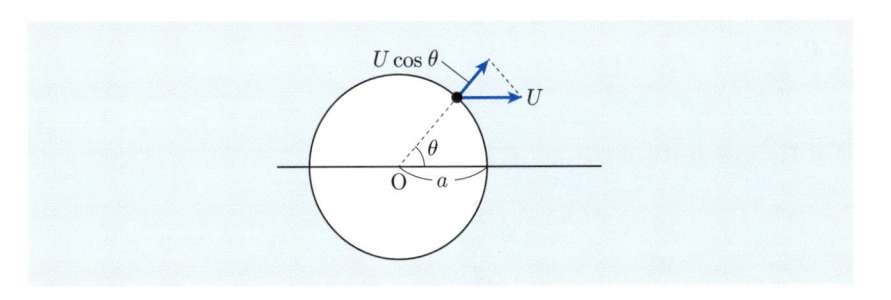

図 5.14 球表面の速度

よって，式 (5.38) の μ を球の半径 a を用いて表わした 2 重わき出しの速度ポテンシャル

$$\Phi = -U\frac{a^3}{2r^2}\cos\theta \tag{5.39}$$

は，速さ U で x 軸の正の方向に移動する球の周りの速度ポテンシャルを表す．

5.5 球を過ぎる一様流

原点に静止した半径 a の球に対して，x 軸の正の向きに速さ U の一様流が流れる場合を考える．一様流の速度ポテンシャルは式 (5.28) より

$$\Phi = Ux$$
$$= Ur\cos\theta$$

球の周りの速度ポテンシャルは 2 重わき出しの強さを μ とすると，球が $-x$ 方向に動いた際につくる速度ポテンシャルと同じであり，式 (5.38) および式 (5.39) の U の符号を変えて

$$\Phi = \frac{\mu\cos\theta}{r^2}$$
$$= U\frac{a^3}{2r^2}\cos\theta$$

それぞれの速度ポテンシャルの重ね合わせより

$$\begin{aligned}\Phi &= \left(Ur + \frac{\mu}{r^2}\right)\cos\theta \\ &= Ur\left(1 + \frac{a^3}{2r^3}\right)\cos\theta \\ &= Ux\left(1 + \frac{a^3}{2r^3}\right)\end{aligned} \quad (5.40)$$

となり，一様流とこれに向き合った 2 重わき出しからなる流れで表現される．

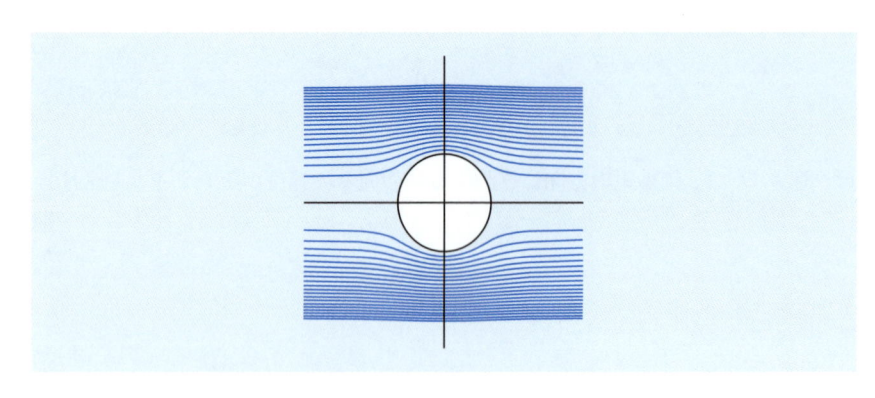

図 5.15 球を過ぎる一様流

5.5 球を過ぎる一様流

式 (5.40) より，r 方向および θ 方向の速度はそれぞれ

$$
\begin{aligned}
u_r &= \frac{\partial \Phi}{\partial r} \\
&= U\left(1 - \frac{a^3}{r^3}\right)\cos\theta \\
u_\theta &= \frac{1}{r}\frac{\partial \Phi}{\partial \theta} \\
&= -U\left(1 + \frac{a^3}{2r^3}\right)\sin\theta
\end{aligned}
\tag{5.41}
$$

と書ける．球の表面 $r = a$ では，$u_r = 0$ が満たされており，球の中に流体が浸入しないことを表している．また，球の表面における流速は

$$
|u_\theta| = \frac{3}{2}U|\sin\theta| \tag{5.42}
$$

であり，$\theta = \pi/2,\ 3\pi/2$ において，最大流速 $3U/2$ となる．この最大流速は，遠方での一様流の速さ U に比べて増加しているが，これは，球の表面近くの流線の間隔が狭くなり，流速が増加していることに起因している．

5 章 の 問 題

□ 1 x 軸の正の方向に一定速度 U の一様流があり，原点から強さ m のわき出しがある場合の速度ポテンシャルを求め，どのような流れ場になっているか説明せよ．

□ 2 図 5.16 に示すように，x 軸の正の方向に一定速度 U の一様流があり，点 O から強さ m でわき出した流体が，点 O′ で同じ強さで吸い込まれている場合の速度ポテンシャルを求め，どのような流れ場になっているか説明せよ．

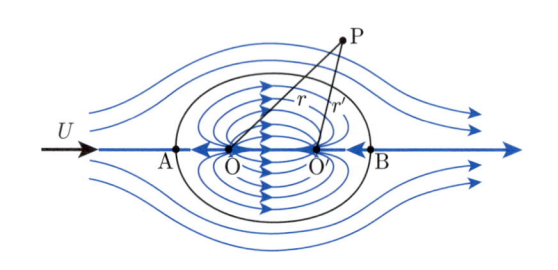

図 5.16 一様流中に置かれたわき出しと吸い込み

□ 3 図 5.17 のように，z 方向の速度 $w = 0$ で，x–y 平面内で速度 $q = \sqrt{u^2 + v^2}$ を持つ渦糸を考える．渦糸は原点を除いて渦なし流れであること，および渦糸は一定の循環 Γ を持つことを用いて x 方向速度 u および y 方向速度 v を求めよ．さらに，渦糸の速度ポテンシャルを求めよ．

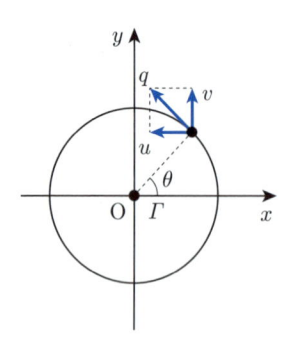

図 5.17 渦糸周りの流れ

第6章

2次元ポテンシャル流

　本章では，2次元流を対象として複素速度ポテンシャルを導入するとともに，簡単な2次元ポテンシャル流として角を回る流れ，渦糸，2重わき出しなどについて説明する．さらに円柱を過ぎる流れについて説明し，回転円柱の運動について述べる．また物体に働く力とモーメントを表すブラジウスの公式について説明し，その応用として一様流中の物体に働く抵抗と揚力について述べる．最後に等角写像について説明するとともに，翼理論において重要なジューコフスキー変換について述べる．

6.1	複素速度ポテンシャル
6.2	簡単な2次元ポテンシャル流
6.3	円柱に関する流れ
6.4	物体に働く力とモーメント
6.5	等角写像
6.6	ジューコフスキー変換

6.1 複素速度ポテンシャル

直角座標系 $\boldsymbol{x}=(x,y,z)$ の x–y 面に平行で z 方向に変化しない 2 次元流を考える.このとき,速度 $\boldsymbol{v}(u,v,0)$ は

$$u = u(x,y,0) \\ v = v(x,y,0) \tag{6.1}$$

となる.また,渦度 $\omega = \nabla \times \boldsymbol{v}$ は,z 成分のみを持ち,

$$\omega = \frac{\partial v}{\partial x} - \frac{\partial u}{\partial y} \tag{6.2}$$

と表される.ここで,u, v は流れ関数 Ψ を用いて

$$u = \frac{\partial \Psi}{\partial y}, \quad v = -\frac{\partial \Psi}{\partial x} \tag{6.3}$$

と表されるので,式 (6.2) に代入して

$$\omega = -\left(\frac{\partial^2 \Psi}{\partial x^2} + \frac{\partial^2 \Psi}{\partial y^2}\right) = -\Delta \Psi \tag{6.4}$$

となる.渦なし流れでは,$\boldsymbol{\omega}=0$ より

$$\frac{\partial^2 \Psi}{\partial x^2} + \frac{\partial^2 \Psi}{\partial y^2} = \Delta \Psi = 0 \tag{6.5}$$

であるから,流れ関数は,**2 次元調和関数**となる.

渦なし流れの場合,速度ポテンシャル Φ が存在し,速度 u, v は

$$u = \frac{\partial \Phi}{\partial x}, \quad v = \frac{\partial \Phi}{\partial y} \tag{6.6}$$

と表される.したがって,連続の式

$$\frac{\partial u}{\partial x} + \frac{\partial v}{\partial y} = 0$$

より,

$$\frac{\partial^2 \Phi}{\partial x^2} + \frac{\partial^2 \Phi}{\partial y^2} = \Delta \Phi = 0 \tag{6.7}$$

ここで,式 (6.3) と式 (6.6) を合わせて

$$u = \frac{\partial \Phi}{\partial x} = \frac{\partial \Psi}{\partial y}, \quad v = \frac{\partial \Phi}{\partial y} = -\frac{\partial \Psi}{\partial x} \tag{6.8}$$

6.1 複素速度ポテンシャル

と書ける．Φ と Ψ の関係は，複素関数論における**コーシー-リーマンの関係式**に相当する．

このことを確かめてみよう．座標 (x, y) に対して**複素変数**

$$z = x + iy \tag{6.9}$$

を導入する．ここで，i は虚数単位（$i^2 = -1$）で，x, y はそれぞれ z の実部と虚部を表す．また，z の関数 $W(z)$ を

$$W(z) = W(x + iy) = \Phi(x, y) + i\Psi(x, y) \tag{6.10}$$

とおく．$W(z)$ は**複素関数**と呼ばれ，**実部 Φ，虚部 Ψ** はそれぞれ x, y の実関数で表される．

図 6.1 に示すように，横軸を実軸，縦軸を虚軸とする**複素平面**では

$$|z| = \sqrt{x^2 + y^2} \tag{6.11}$$

$$\begin{aligned} z &= |z|(\cos\theta + i\sin\theta) \\ &= |z|e^{i\theta} \end{aligned} \tag{6.12}$$

と書ける．

複素数 z は，x, y の関数であるので，式 (6.9) を微分して

$$\begin{aligned} \frac{\partial z}{\partial x} &= 1 \\ \frac{\partial z}{\partial y} &= i \end{aligned} \tag{6.13}$$

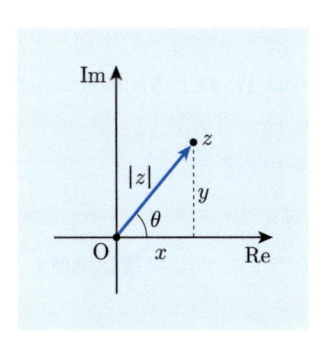

図 6.1 複素平面

が成り立つ．よって，関数 $W(z)$ が z について微分可能の場合，

$$\frac{\partial}{\partial x}W(z) = \frac{\partial z}{\partial x}\frac{dW}{dz} = \frac{dW}{dz}, \quad \frac{\partial}{\partial y}W(z) = \frac{\partial z}{\partial y}\frac{dW}{dz} = i\frac{dW}{dz} \tag{6.14}$$

となる．よって，

$$\frac{dW}{dz} = \frac{\partial W}{\partial x} = -i\frac{\partial W}{\partial y} \tag{6.15}$$

が成り立つ．ここで，式 (6.10) を x, y で微分して

$$\frac{\partial W}{\partial x} = \frac{\partial \Phi}{\partial x} + i\frac{\partial \Psi}{\partial x}, \quad \frac{\partial W}{\partial y} = \frac{\partial \Phi}{\partial y} + i\frac{\partial \Psi}{\partial y} \tag{6.16}$$

となるが，式 (6.15) に代入して

$$\frac{\partial \Phi}{\partial x} + i\frac{\partial \Psi}{\partial x} = \frac{\partial \Psi}{\partial y} - i\frac{\partial \Phi}{\partial y} \tag{6.17}$$

が成り立つ．両辺の実部と虚部を等しいとすると

$$\frac{\partial \Phi}{\partial x} = \frac{\partial \Psi}{\partial y}, \quad \frac{\partial \Phi}{\partial y} = -\frac{\partial \Psi}{\partial x} \tag{6.18}$$

となり，先に導いたコーシー-リーマンの関係式が成立する．このように，2 次元非圧縮渦なし流れは，微分可能な複素関数として表すことができ（付録 A.4 節も参照），その実部は速度ポテンシャルを表し，虚部は流れ関数を表す．微分可能な複素関数は，**正則関数**あるいは**解析関数**とも呼ばれる．また，コーシー-リーマンの関係式が成立すれば，$dz = dx + i\,dy$ として点 z で任意の方向に微分をとっても微分係数は同じになる．つまり，式 (6.15) より W の任意の z 方向微分は W の x 方向微分に相当し，正則関数 W の微分係数は方向によらない．

複素関数 $W(z)$ を z で微分し，速度 u, v とコーシー-リーマンの関係式 (6.8) を用いると

$$\frac{dW}{dz} = \frac{\partial W}{\partial x} = \frac{\partial \Phi}{\partial x} + i\frac{\partial \Psi}{\partial x} = u - iv \tag{6.19}$$

となる．ここで**複素速度** w を

$$\begin{cases} w = u - iv = qe^{-i\theta} \\ q = \sqrt{u^2 + v^2}, \quad \theta = \tan^{-1}\left(\frac{v}{u}\right) \end{cases} \tag{6.20}$$

と定義すれば

$$w = \frac{dW}{dz} \tag{6.21}$$

と書ける．つまり z の正則関数 $W(z)$ が与えられれば，その微分係数 dW/dz の実部と虚部はそれぞれ速度の x 方向成分と y 方向成分を与える．また，dW/dz の絶対値と偏角がそれぞれ速度ベクトルの大きさと方向を与える．このことから，この $W(z)$ を**複素速度ポテンシャル**という．

6.2 簡単な 2 次元ポテンシャル流

正則な複素ポテンシャルの 1 次結合もまた，正則な複素ポテンシャルを表すことから，重ね合わせにより様々な流れ場を表現できる．

(a) 一 様 流

1 次関数

$$W = Az \quad (A: 定数) \tag{6.22}$$

を考える．これは最も簡単な調和関数を与える．このとき，複素速度は

$$w = u - iv = \frac{dW}{dz} = A \tag{6.23}$$

であるから，複素数の A の実部と虚部を $\mathrm{Re}(A)$, $\mathrm{Im}(A)$ と表すと，u, v は

$$\begin{aligned} u &= \mathrm{Re}(A) \\ v &= -\mathrm{Im}(A) \end{aligned} \tag{6.24}$$

となり，一様流を表す．

図 6.2 に示すように，速度の大きさ U および x 軸からの角度 α を持つ一様流とすると複素速度 w は

$$w = u - iv = Ue^{-i\alpha} = A \tag{6.25}$$

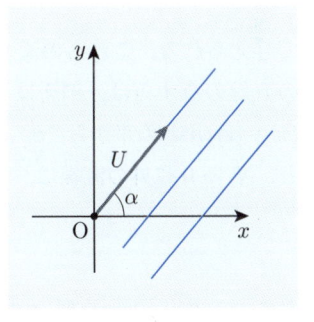

図 6.2 一様流

となるので，複素速度ポテンシャル W は

$$W = Az = Ue^{-i\alpha}z \tag{6.26}$$

と書くことができる．

(b) 角を回る流れ

ベキ関数

$$W = Az^a \quad (A: 定数,\ a: 正定数) \tag{6.27}$$

の表す流れを考える．ここで z を極座標表示 $z = re^{i\theta}$ で考える．$A = |A|e^{-i\alpha}$ と書くと

$$W = |A|e^{-i\alpha} r^a e^{ia\theta} = |A|r^a \left[\cos(a\theta - \alpha) + i\sin(a\theta - \alpha)\right]$$

したがって

$$\Phi = |A|r^a \cos(a\theta - \alpha), \quad \Psi = |A|r^a \sin(a\theta - \alpha) \tag{6.28}$$

となる．

いま，$\Psi = $ 一定が定める流線群のうち，$\Psi = 0$ の流線を求める．式 (6.28) より，

$$\sin(a\theta - \alpha) = 0$$

すなわち

$$\theta = \frac{n\pi + \alpha}{a} \quad (n: 整数) \tag{6.29}$$

で与えられる．これらの流線は原点を通る放射状の直線となる．隣り合う 2 つの直線のなす角は，例えば $n = 0$ の場合の $\theta = \alpha/a$ と $n = 1$ の場合の $\theta = (\pi + \alpha)/a$ との差から，π/a となる．以下，簡単のため $\alpha = 0$ の場合を考えると，$\Psi = 0$ 以外の流線は，$\Psi = $ 一定 $= C \neq 0$ および式 (6.28) より

$$r = \left|\frac{C}{A}\right|^{1/a} \frac{1}{|\sin(a\theta)|^{1/a}} \tag{6.30}$$

となる．$\theta \to (n\pi)/a$ のとき $r \propto |\sin(a\theta)|^{-1/a} \to \infty$ となることから，式 (6.30) の表す流線は式 (6.29) の直線流線を漸近線とする相似曲線群となる．隣り合う 2 つの直線流線，例えば $\theta = 0$ と $\theta = \pi/a$ を固体壁で置き換えると式 (6.28) は 2 つの直線壁ではさまれた扇形領域において一方の壁に沿って流入し，角を回って他方の壁に沿って流出する流れとなる．

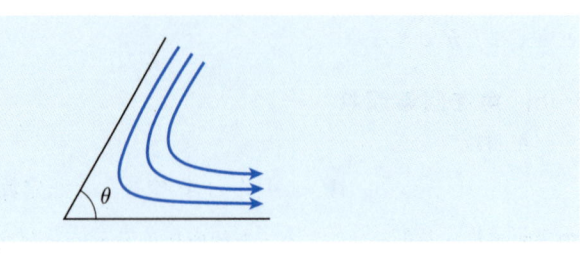

図 6.3　角を回る流れ

$a > 2$ の場合　$\theta < \pi/2$ となり，図 6.3 に示すような流れ場となる．

$a = 2$ の場合　$\theta = \pi/2$ となり，固体壁がある場合は図 6.4(a) に示す直角の流れ場となり，固体壁がない場合は，原点に向かった流れが原点で直角方向に曲がるよどみ点流れとなる．

$1 < a < 2$ の場合　$\pi/2 < \theta < \pi$ となり，図 6.4(b) に示す鈍角の角の内側を曲がる流れ場となる．

$a = 1$ の場合　前節でみた一様流となる．$\alpha = 0$ の場合は図 6.4(c) に示す x 軸に平行な一様流になる．

$a < 1$ の場合　$\theta > \pi$ となり，図 6.4(d) に示す鈍角の角の外側を曲がる流れ場となる．

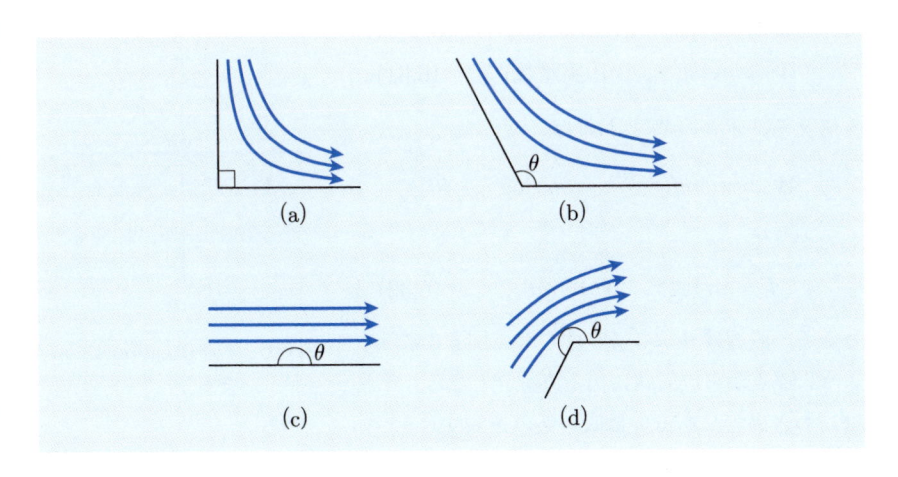

図 6.4　種々の角を回る流れ

■ 例題 6.1
　直角の角の外側を曲がる流れ場および半無限平板の端を回りこむ流れ場の複素速度ポテンシャルを求めよ．

【解答】　図 6.5 に示すように，直角の角の外側を曲がる流れ場は $\theta = 3\pi/2$ より $a = 2/3$ となる．よって，複素速度ポテンシャルは $W = Az^{2/3}$ となる．半無限平板の端を回りこむ流れ場は $\theta = 2\pi$ より $a = 1/2$ となる．よって，複素速度ポテンシャルは $W = Az^{1/2}$ となる．

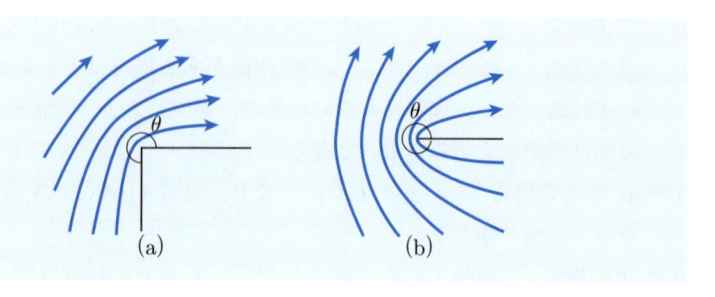

図 6.5　直角外側および平板の端を回る流れ

(c) わき出しと吸い込み

対数関数として
$$W = m \log z \quad (m: 実整数) \qquad (6.31)$$
を考える．$z = re^{i\theta}$ とおけば
$$W = m \log(re^{i\theta}) = m(\log r + i\theta)$$
したがって
$$\Phi = m \log r, \quad \Psi = m\theta \qquad (6.32)$$
となる．流線は $\theta =$ 一定，すなわち図 6.6 に示すように原点から放射状に出る直線群となる．これは，わき出し，あるいは吸い込みを表す．

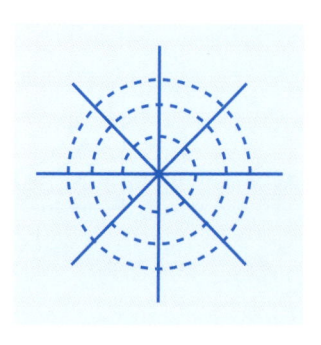

図 6.6　わき出し（吸い込み）流れ

半径方向の速度成分 u_r は
$$u_r = \frac{\partial \Phi}{\partial r} = \frac{m}{r} \qquad (6.33)$$

$m > 0$ のとき，$u_r > 0 \cdots$ 2 次元わき出し

$m < 0$ のとき，$u_r < 0 \cdots$ 2 次元吸い込み

原点は，3 次元わき出し，吸い込みと同様に特異点となる．

奥行き方向単位長さあたりの流量 Q は
$$Q = \int_0^{2\pi} u_r r \, d\theta = \int_0^{2\pi} m \, d\theta = 2\pi m$$
となる．

(d) 渦糸

式 (6.31) において係数 m を純虚数とすると

$$W = -i\frac{\Gamma}{2\pi}\log z \quad (\Gamma: \text{実定数}) \tag{6.34}$$

と書ける．このとき，$z = re^{i\theta}$ として

$$\Phi = \frac{\Gamma}{2\pi}\theta, \quad \Psi = -\frac{\Gamma}{2\pi}\log r \tag{6.35}$$

が得られる．流線は，$r =$ 一定，すなわち原点を中心とする同心円群となる．円周方向の速度成分 u_θ は

$$u_\theta = \frac{1}{r}\frac{\partial \Phi}{\partial \theta} = \frac{\Gamma}{2\pi r} \tag{6.36}$$

$\Gamma > 0$ のとき，$u_\theta > 0$ ⋯ 反時計回りの渦

$\Gamma < 0$ のとき，$u_\theta < 0$ ⋯ 時計回りの渦

となり渦糸を表し，Γ は循環を表す．ただし，ここでは渦なし流れを対象としており，「渦なし」は流体の微小部分の自転なしを意味し，渦糸では原点の特異点以外は「渦なし」が成立している．

(e) 2重わき出し

3次元の場合に，同じ強さのわき出しと吸い込みが近接して存在する場合には，2重わき出しの流れ場となることを見た．ここでは，2次元において同じ強さのわき出しと吸い込みが近接して存在する場合を考える．原点に近い点 $z_1 = \varepsilon e^{i\alpha}$ に強さ $m\ (>0)$ の2次元わき出し，原点に近い $z_2 = -\varepsilon e^{i\alpha}$ に強さ $-m$ の2次元吸い込みがあるとすると，点 z における複素速度ポテンシャルは

$$W = m\log(z - z_1) - m\log(z - z_2) = m\log\left(\frac{z - \varepsilon e^{i\alpha}}{z + \varepsilon e^{i\alpha}}\right) \tag{6.37}$$

となる．ここで，$\varepsilon \to 0$，$m \to \infty$，$2\varepsilon m = $ 一定 $= \mu$ の極限を考える．$x \approx 0$ において $\log(1+x) \approx x - (1/2)x^2$ より

$$\begin{aligned}W &= m\log\left(1 + \frac{-2\varepsilon e^{i\alpha}}{z + \varepsilon e^{i\alpha}}\right) \\ &\approx m\log\left(1 + \frac{-2\varepsilon e^{i\alpha}}{z}\right) \approx -\frac{2m\varepsilon e^{i\alpha}}{z}\end{aligned} \tag{6.38}$$

よって，極限において

$$W = -\frac{\mu e^{i\alpha}}{z} \tag{6.39}$$

となり，この複素速度ポテンシャルの表す流れは，2次元の2重わき出しとなる．ここで，μ は2重わき出しの強さを表し，α は x 軸と2重わき出しの軸とのなす角を表す．吸い込みからわき出しに向かうベクトル μ は**2重わき出しモーメント**と呼ばれる．

例題 6.2

2重わき出しの流線はどのようになるか求めよ．

【解答】 簡単のため $\alpha = 0$ として，x 軸と2重わき出しの軸とのなす角をゼロとする．複素速度ポテンシャルは $z = re^{i\theta}$ として

$$W = -\frac{\mu}{z} = -\frac{\mu}{r} e^{-i\theta} = -\frac{\mu}{r}(\cos\theta - i\sin\theta) \tag{6.40}$$

となる．よって，

$$\Psi = \frac{\mu}{r}\sin\theta = C \quad (C: \text{定数}) \tag{6.41}$$

が流線となる．$\sin\theta = y/r$，$r = \sqrt{x^2 + y^2}$ を代入して

$$x^2 + y^2 - \frac{\mu}{C}y = 0 \tag{6.42}$$

つまり，

$$x^2 + \left(y - \frac{\mu}{2C}\right)^2 = \left(\frac{\mu}{2C}\right)^2 \tag{6.43}$$

となり，図 6.7 に示すように，$(0, \mu/2C)$ に原点を持ち半径 $\mu/2C$ の円，すなわち原点で接する円群が流線となる．C が正の場合は y 軸の正の方に，C が負の場合は y 軸の負の方に円の中心がある流線群となる．

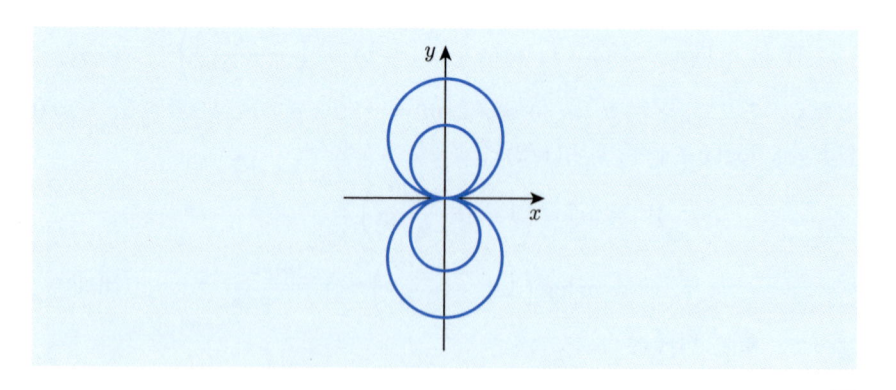

図 6.7 2重わき出しの流線群

6.3 円柱に関する流れ

(a) 円柱を過ぎる一様流

x 軸の正の方向に向かう速度 U (> 0) の一様流と x 軸の負の方向を向く強さ μ の 2 次元 2 重わき出しモーメント (x 軸の正の領域に吸い込み,負の領域にわき出しがある場合) の重ね合わせは円柱を過ぎる一様流を表す.2 重わき出しの複素速度ポテンシャルの符号に注意をすると

$$W = Uz + \frac{\mu}{z} \tag{6.44}$$

と表される.$z = re^{i\theta}$ とおくと

$$\begin{aligned} \Phi &= \left(Ur + \frac{\mu}{r}\right)\cos\theta \\ \Psi &= \left(Ur - \frac{\mu}{r}\right)\sin\theta \end{aligned} \tag{6.45}$$

となるので,$\Psi = 0$ の流線は,半径 $r = \sqrt{\mu/U}$ の円と $\theta = 0, \pi$ の直線を表す.3 次元流 (球) の場合と同様に流れ場は半径 $a = \sqrt{\mu/U}$ の内部と外部に二分されることが分かる.

外部領域に着目すれば

$$W = U\left(z + \frac{a^2}{z}\right) \tag{6.46}$$

は,x 軸に平行な速度 U の一様流の中に置かれた半径 a の円 (立体的には z 方向に軸を持つ円柱) の周りの流れとなる.$z = re^{i\theta}$ とおくと

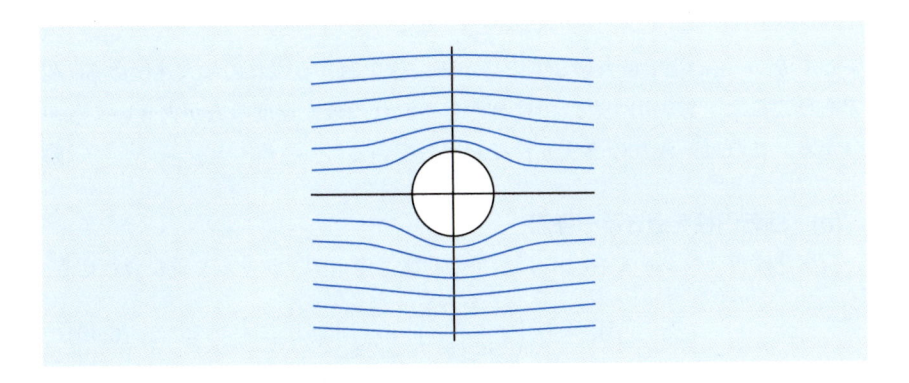

図 6.8 円柱を過ぎる一様流

$$\Phi = U\left(r + \frac{a^2}{r}\right)\cos\theta$$
$$\Psi = U\left(r - \frac{a^2}{r}\right)\sin\theta \tag{6.47}$$

より，流線は上下左右対称であり，無限遠において一様流に近づく．

■ **例題 6.3**
円柱を過ぎる一様流が x 軸に対して角 α だけ傾いている場合の速度ポテンシャルを求めよ．

【解答】 $z \to ze^{-i\alpha}$ と置き換えて
$$W = U\left(ze^{-i\alpha} + \frac{a^2 e^{i\alpha}}{z}\right) \tag{6.48}$$

■ **例題 6.4**
円柱表面に沿う速度成分の最大値とその位置を求めよ．

【解答】 円柱表面では
$$\Phi = 2Ua\cos\theta, \quad \Psi = 0$$
表面に沿う速度成分は $\theta' = \pi - \theta$ とおいて，
$$v_{\theta'} = \left(\frac{1}{r}\frac{\partial \Phi}{\partial \theta'}\right)_{r=a} = 2U\sin\theta'$$
よって $\theta' = \pm\pi/2$ で最大値 $2U$ に達する．球を過ぎる流れの最大速度は $3U/2$ であったことを思い出すと，円柱を過ぎる流れの最大速度の方が大きいことが分かる．これは，流れの 2 次元性に起因している．

(b) 回転円柱を過ぎる一様流

複素速度ポテンシャル (6.46) に渦糸の複素速度ポテンシャルを重ね合わせる．
$$W = U\left(z + \frac{a^2}{z}\right) - \frac{i\Gamma}{2\pi}\log z \tag{6.49}$$

6.3 円柱に関する流れ

x 軸に平行な速度 U の一様流中におかれた循環 Γ を伴う半径 a の円柱周りの流れは,$z = re^{i\theta}$ とおくと

$$\Phi = U\left(r + \frac{a^2}{r}\right)\cos\theta + \frac{\Gamma}{2\pi}\theta, \quad \Psi = U\left(r - \frac{a^2}{r}\right)\sin\theta - \frac{\Gamma}{2\pi}\log r \tag{6.50}$$

となる.流れの上下対称性は崩れるが,左右は対称となる.

複素速度は

$$w = \frac{dW}{dz} = U\left(1 - \frac{a^2}{z^2}\right) - \frac{i\Gamma}{2\pi}\frac{1}{z} \tag{6.51}$$

よどみ点は一般に 2 個ある.速度 $|w| = 0$ となるよどみ点の座標 z_s は

$$\frac{z_s}{a} = \frac{i\Gamma}{4\pi aU} \pm \sqrt{1 - \left(\frac{\Gamma}{4\pi aU}\right)^2} \tag{6.52}$$

となり,$\Gamma/(4\pi aU)$ の値によって 3 通りに分けられる.$\Gamma < 0$ の右回りの循環の場合には

(a) $|\Gamma| < 4\pi aU$, z_s は複素数,よどみ点は円柱表面上の下側の左右対称位置に 2 個

(b) $|\Gamma| = 4\pi aU$, $z_s/a = -i|\Gamma|/4\pi aU$, よどみ点は円柱表面の最下点に 1 個

(c) $|\Gamma| > 4\pi aU$, z_s は純虚数,流れの中のよどみ点は 1 個,円柱の真下(もう 1 点は円柱内)となる(図 6.9).

(a) $|\Gamma| < 4\pi aU$　　(b) $|\Gamma| = 4\pi aU$　　(c) $|\Gamma| > 4\pi aU$

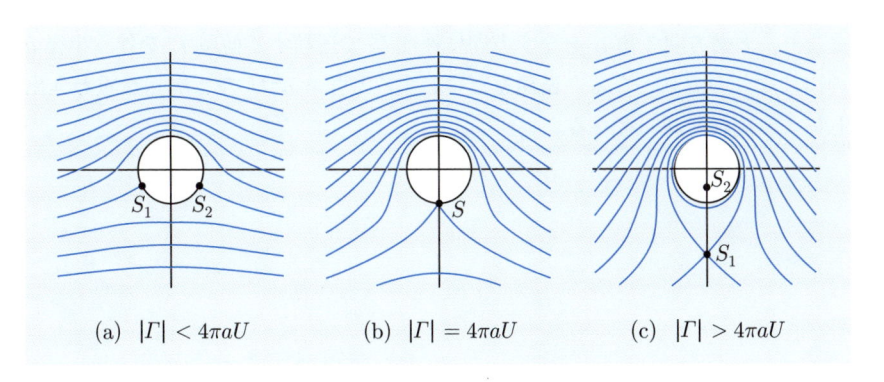

図 6.9　回転円柱を過ぎる一様流

例題 6.5

回転円柱を過ぎる一様流が x 軸に対して角 α だけ傾いている場合の速度ポテンシャルを求めよ．

【解答】 z を $ze^{-i\alpha}$ で置き換えると

$$W = U\left(ze^{-i\alpha} + \frac{a^2 e^{i\alpha}}{z}\right) - \frac{i\Gamma}{2\pi}\log z \tag{6.53}$$

ただし，付加定数は除く． ■

(c) 回転円柱の運動（一様流中を運動する循環を伴う円柱）

x 軸に対して角 α だけ傾いた一様流中におかれた循環を伴う円柱周りの流れは

$$W = U\left(ze^{-i\alpha} + \frac{a^2 e^{i\alpha}}{z}\right) - \frac{i\Gamma}{2\pi}\log z \tag{6.54}$$

であった．一様流を消すために，反対向きの一様流 $W = -Ue^{-i\alpha}z$ を重ね合わせる．一様流同士は打ち消し合い，その複素速度ポテンシャルは

$$W = U\frac{a^2 e^{i\alpha}}{z} - \frac{i\Gamma}{2\pi}\log z \tag{6.55}$$

となるが，これは複素速度 $-Ue^{-i\alpha}$ で動く円柱による流れを表しているので，円柱の速度を $Ue^{-i\alpha}$ と書き直すと

$$W = -U\frac{a^2 e^{i\alpha}}{z} - \frac{i\Gamma}{2\pi}\log z \tag{6.56}$$

となり，x 軸方向と角 α をなす方向に速度 U で運動する循環 Γ を伴う半径 a の円柱周りの流れとなる．循環をゼロとすると強さ $a^2 U$ の 2 次元 2 重わき出しによる流れと同一となる．

6.4 物体に働く力とモーメント

(a) 循環とわき出し

複素速度ポテンシャル $W(z)$ において,任意に選んだ閉曲線 C を反時計回りに 1 周した際の $W(z)$ の変化を調べる.これは,$W(z)$ の周回積分となるので

$$\begin{aligned}\oint_C dW &= \oint_C \frac{dW}{dz} dz \\ &= \oint_C (u - iv)(dx + i\,dy) \\ &= \oint_C (u\,dx + v\,dy) + i\oint_C (u\,dy - v\,dx)\end{aligned} \quad (6.57)$$

と表される.また,式 (6.10) より,

$$\oint_C dW = \oint_C d\Phi + i\oint_C d\Psi \quad (6.58)$$

と書ける.

式 (6.57) の右辺第 1 項と第 2 項の意味を考えてみる.第 1 項は式 (3.23) から明らかなように,循環 $\Gamma(C)$ を表している.

また,図 6.10 に示すように,C 上の微小ベクトル $d\boldsymbol{s} = (dx, dy)$ とその長さ ds を用いると,C における外向き法線ベクトルは $\boldsymbol{n} = (n_x, n_y) = (dy/ds, -dx/ds)$ となるので,

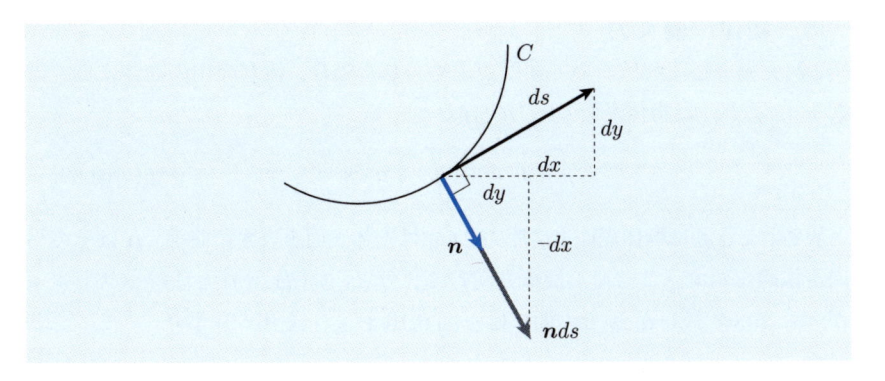

図 6.10 接線方向の変化分 $ds = (dx, dy)$ と法線ベクトル $\boldsymbol{n}$ がつくるベクトル $\boldsymbol{n}\,ds$

$$d\bm{s} = (dx, dy) = (-n_y, n_x)\,ds \tag{6.59}$$

が成り立つ.

これから式 (6.57) の右辺第 2 項は,

$$\begin{aligned}\oint_C (u\,dy - v\,dx) &= \oint_C (u n_x + v n_y)\,ds \\ &= \oint_C \bm{v}\cdot\bm{n}\,ds = Q(C)\end{aligned} \tag{6.60}$$

となり, C 内部からのわき出し量(流量)を表している.

以上より,

$$\begin{aligned}\oint_C dW &= \oint_C d\varPhi + i\oint_C d\varPsi \\ &= \varGamma(C) + iQ(C)\end{aligned} \tag{6.61}$$

が成り立つ. すなわち,

$$\varGamma(C) = \oint_C d\varPhi \tag{6.62}$$

$$Q(C) = \oint_C d\varPsi \tag{6.63}$$

と書ける.

(b) 物体に働く力

2 次元渦なし流れにおいて速度が求められた場合, 流れの中の物体に働く力 $\bm{F} = (F_x, F_y)$ は物体表面の圧力の合力として

$$\bm{F} = -\oint_{C_0} p\bm{n}\,ds \tag{6.64}$$

と表される. p は物体表面上の圧力, C_0 は物体表面を表す閉曲線, $\bm{n}$ はその外向き法線を示す. ここで, 接線方向の変化分 $d\bm{s} = (dx, dy)$ と法線ベクトル $\bm{n}$ がつくるベクトル $\bm{n}\,ds$ との間には, 図 6.10 および式 (6.59) より,

$$\bm{n}\,ds = (n_x\,ds, n_y\,ds) = (dy, -dx) \tag{6.65}$$

の関係がある.

6.4 物体に働く力とモーメント

これより，$\boldsymbol{F}$ の各方向成分は，

$$F_x = -\oint_{C_0} p n_x \, ds = -\oint_{C_0} p \, dy$$
$$F_y = -\oint_{C_0} p n_y \, ds = \oint_{C_0} p \, dx \tag{6.66}$$

となる．よって，$\boldsymbol{F}$ の複素表示は，$dz = dx + i\,dy$ の複素共役 $dz^* = dx - i\,dy$ を用いて，

$$F_x - iF_y = -i\oint_{C_0} p(dx - i\,dy)$$
$$= -i\oint_{C_0} p\,dz^* \tag{6.67}$$

と表現できる．

一般化されたベルヌーイの定理 (4.36)

$$\frac{\partial \Phi}{\partial t} + P + \frac{1}{2}q^2 + \Lambda = g(t) \tag{6.68}$$

において，$P = p/\rho$ とおき，複素速度ポテンシャル W から式 (6.10) によって速度ポテンシャル Φ を求め，式 (6.21) によって速度 q を表現すると

$$p = \rho\left\{g(t) - \frac{\partial \Phi}{\partial t} - \frac{1}{2}q^2 - \Lambda\right\}$$
$$= \rho\left\{g(t) - \mathrm{Re}\left(\frac{\partial W}{\partial t}\right) - \frac{1}{2}\left|\frac{dW}{dz}\right|^2 - \Lambda\right\} \tag{6.69}$$

となる．これを，$\boldsymbol{F}$ の複素表示の式に代入すると，

$$F_x - iF_y = i\rho\oint_{C_0}\left\{\mathrm{Re}\left(\frac{\partial W}{\partial t}\right) + \frac{1}{2}\left|\frac{dW}{dz}\right|^2 + \Lambda\right\}dz^* \tag{6.70}$$

ただし，$g(t)$ の項は $\oint_{C_0} dz^* = [z]_{C_0} = 0$ であるので消える（付録 A.4 節も参照）．このように，流れ場の複素速度ポテンシャルが与えられれば，複素積分により物体に働く力を求められる．

(c) 物体に働くモーメント

原点の周りのモーメント M は，式 (6.66) より

第6章 2次元ポテンシャル流

$$\begin{aligned}
M &= (\boldsymbol{r} \times \boldsymbol{F})_z \\
&= xF_y - yF_x \\
&= \oint_{C_0} p(x\,dx + y\,dy) \\
&= \frac{1}{2}\oint_{C_0} p\,d(zz^*)
\end{aligned} \tag{6.71}$$

ここで,

$$\begin{aligned}
d(zz^*) &= z^*\,dz + z\,dz^* \\
&= (x - iy)(dx + i\,dy) + (x + iy)(dx - i\,dy) \\
&= 2(x\,dx + y\,dy)
\end{aligned}$$

を用いた.

これに,一般化されたベルヌーイの定理 (6.69) を用いると

$$M = -\frac{\rho}{2}\oint_{C_0}\left\{\operatorname{Re}\left(\frac{\partial W}{\partial t}\right) + \frac{1}{2}\left|\frac{dW}{dz}\right|^2 + \Lambda\right\}d(zz^*) \tag{6.72}$$

となる.

(d) ブラジウスの公式

定常,外力なしの場合の物体に働く力は,

$$F_x - iF_y = \frac{i\rho}{2}\oint_{C_0}\left|\frac{dW}{dz}\right|^2 dz^* \tag{6.73}$$

と表される.

物体表面 C_0 は,$\varPsi = $ 一定の1つの流線となることより

$$dW = d\varPhi = dW^* \tag{6.74}$$

が成り立つ.よって,

$$\begin{aligned}
\oint_{C_0}\left|\frac{dW}{dz}\right|^2 dz^* &= \oint_{C_0}\frac{dW}{dz}\frac{dW^*}{dz^*}\,dz^* \\
&= \oint_{C_0}\left(\frac{dW}{dz}\right)^2 dz
\end{aligned} \tag{6.75}$$

6.4 物体に働く力とモーメント

関数 $(dW/dz)^2$ は流れの中で正則である．よって，積分経路 C_0 を物体を 1 周する任意の閉曲線 C で置き換え可能となる（付録 A.4 節も参照）．すなわち

$$F_x - iF_y = \frac{i\rho}{2} \oint_C \left(\frac{dW}{dz}\right)^2 dz \tag{6.76}$$

となる．これを**ブラジウスの第 1 公式**という．

定常，外力なしの場合の物体に働くモーメントは，

$$M = -\frac{\rho}{4} \oint_{C_0} \left|\frac{dW}{dz}\right|^2 d(zz^*) \tag{6.77}$$

となり，物体表面 C_0 は，$\Psi =$ 一定の 1 つの流線を表すので式 (6.74) が成り立つ．よって，

$$\begin{aligned}
\oint_{C_0} \left|\frac{dW}{dz}\right|^2 d(zz^*) &= \oint_{C_0} \frac{dW}{dz} \frac{dW^*}{dz^*} (z\,dz^* + z^*\,dz) \\
&= 2\,\mathrm{Re} \oint_{C_0} \left(\frac{dW}{dz}\right)^2 z\,dz
\end{aligned} \tag{6.78}$$

関数 $(dW/dz)^2 z$ は流れの中で正則である．よって，積分経路 C_0 を物体を 1 周する任意の閉曲線 C で置き換え可能である．すなわち

$$M = -\frac{\rho}{2} \mathrm{Re} \oint_C \left(\frac{dW}{dz}\right)^2 z\,dz \tag{6.79}$$

となる．これを**ブラジウスの第 2 公式**という．

(e) クッタ-ジューコフスキーの定理

ブラジウスの公式の応用として，x 軸方向を向いた速度 U の一様流中に閉曲線 C_0 で囲まれた物体が固定されている場合を考える．複素速度 $w = dW/dz$ は，閉曲線の外部領域では 1 価正則であるので，複素速度は z の**ローラン級数**（$1/z$ のベキ級数）で展開可能である．ただし，無限遠で一様流に漸近する（つまり，$z \to \infty$ で $dW/dz \to U$ となる）ことから展開の定数項は U となる．すなわち，

$$\frac{dW}{dz} = U + \frac{b_0}{z} + \frac{b_1}{z^2} + \cdots \quad (b_0, b_1, \ldots \text{ は定数}) \tag{6.80}$$

ブラジウスの第 1 公式の被積分関数

$$\left(\frac{dW}{dz}\right)^2 = U^2 + \frac{2Ub_0}{z} + (b_0^2 + 2Ub_1)\frac{1}{z^2} + \cdots \quad (6.81)$$

を積分する際に,

$$\begin{aligned}
&\oint_C dz = 0 \\
&\oint_C z^{-1}\,dz = 2\pi i \\
&\oint_C z^{-n}\,dz = \left[-z^{1-n}/(n-1)\right]_C = 0 \quad (n \neq 1)
\end{aligned} \quad (6.82)$$

が成り立つので,結局 z^{-1} の項の積分だけが残り(付録 A.4 節も参照),物体に働く力は

$$F_x - iF_y = -2\pi\rho U b_0 \quad (6.83)$$

と求まる.

複素速度ポテンシャルは

$$W = Uz + b_0 \log z - \frac{b_1}{z} + \cdots \quad (6.84)$$

と表され,右辺第 2 項は式 (6.31) および式 (6.34) から,わき出しおよび渦糸の複素速度ポテンシャルとなる.わき出しの強さ m,わき出し量 Q,循環 $\varGamma$ とすると b_0 は

$$b_0 = m - i\frac{\varGamma}{2\pi} = \frac{1}{2\pi}(Q - i\varGamma) \quad (6.85)$$

と書ける.よって,物体に働く力は

$$\begin{cases} F_x = -\rho U Q \\ F_y = -\rho U \varGamma \end{cases} \quad (6.86)$$

となり,わき出し量 Q と循環 $\varGamma$ だけから決定される.つまり,物体の形状には関係ない.ここで,物体が一様流の方向に受ける力 F_x は**抵抗**であり,物体が一様流の方向と垂直な方向に受ける力 F_y は揚力となる.物体から流体がわき出している場合は物体は一様流と逆方向の推進力を受け,物体に吸い込みがある場合は物体は抗力を受けるが,物体が固体壁を持つ場合はわき出しも吸い

6.4 物体に働く力とモーメント

込みもないので,物体には抗力が働かない.これを**ダランベールのパラドックス**という.

循環が左回り ($\Gamma > 0$) の場合,揚力は負の y 軸方向に,循環が右回り ($\Gamma < 0$) の場合は,揚力は正の y 軸方向に働く.揚力と循環の関係を表す式

$$F_y = -\rho U \Gamma \tag{6.87}$$

を**クッタ-ジューコフスキーの定理**という.

物体に働くモーメントに関しては,ブラジウスの第 2 公式より

$$M = -\frac{\rho}{2} \operatorname{Re} \oint_C \left(\frac{dW}{dz}\right)^2 z\, dz \tag{6.88}$$

ここで $(dW/dz)^2$ の z^{-2} の項だけが残る.よって

$$\begin{aligned} M &= \pi \rho \operatorname{Im}(b_0^2 + 2U b_1) \\ &= -\frac{\rho Q \Gamma}{2\pi} + 2\pi \rho U \operatorname{Im}(b_1) \end{aligned} \tag{6.89}$$

となる.

■ **例題 6.6**

これまでの設定で,一様流が x 軸に対して任意の角 α だけ傾いている場合の抵抗 D と揚力 L を求めよ.

【解答】 複素速度ポテンシャルは式 (6.84) の z を $ze^{-i\alpha}$ に置き換えて,

$$W = U z e^{-i\alpha} + b_0 \log z - \frac{b_1 e^{i\alpha}}{z} + \cdots \tag{6.90}$$

となる.よって,一様流に平行な方向に働く抵抗 D および一様流に垂直な方向に働く揚力は,式 (6.86) で表された x 軸に平行な一様流の場合の F_x, F_y と同じになり,

$$D = -\rho U Q, \quad L = -\rho U \Gamma \tag{6.91}$$

となる. ∎

6.5 等角写像

(a) 等角写像とは

図 6.11 に示すように，2 つの複素変数 $z = x + iy$ と $\zeta = \xi + i\eta$ が 1 つの正則関数 $f(z)$ によって $\zeta = f(z)$ と関係付けられるとする．関数 f が与えられれば，z 面上（x, y で決まる）の 1 点は ζ 面上（ξ と η で決まる）の 1 点または複数点に写像される．点 z における微分 $d\zeta$ は

$$d\zeta = \frac{d\zeta}{dz} dz = f'(z)\, dz \tag{6.92}$$

となる．ここで

$$\begin{aligned} d\zeta &= e^{i\phi}\, d\sigma \\ dz &= e^{i\theta}\, ds \\ f'(z) &= A e^{i\alpha} \end{aligned} \tag{6.93}$$

とすると

$$\begin{aligned} d\sigma &= A\, ds \\ \phi &= \theta + \alpha \end{aligned} \tag{6.94}$$

となり，z 面での微小線分 dz は ζ 面では A 倍の長さに写像され，z 面での偏角 θ は ζ 面では α だけ角度が増加する．同様に，別の線分も $\zeta = f(z)$ の写像により，長さが A 倍で α だけ角度が増加するので，2 つの線分からなる頂角は同じまま，その長さが増加する相似の写像を行うことになる．このことからこの写像のことを**等角写像**と呼ぶ．

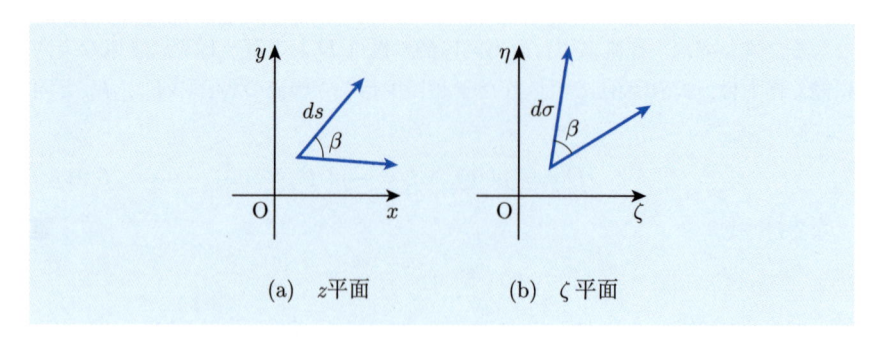

(a) z 平面　　(b) ζ 平面

図 6.11　等角写像

(b) 等角写像と複素ポテンシャル

$\zeta = f(z)$ と逆の関係を $z = g(\zeta)$ とする．g の導関数は

$$\begin{aligned}g'(\zeta) &= \frac{dz}{d\zeta} \\ &= \left(\frac{d\zeta}{dz}\right)^{-1} \\ &= \left[f'(z)\right]^{-1}\end{aligned} \quad (6.95)$$

と書けるので，$g(\zeta)$ は ζ の正則関数になっている．z 面での渦なし流れの複素速度ポテンシャルは $W(z) = \Phi + i\Psi$ である．これに $z = g(\zeta)$ を代入して

$$\begin{aligned}\Phi + i\Psi &= W\bigl[g(\zeta)\bigr] \\ &= F(\zeta)\end{aligned} \quad (6.96)$$

ここで $F(\zeta)$ は ζ の正則関数であり，正則関数による写像においては，z 面の等ポテンシャル線と流線は ζ 面において，それぞれ等ポテンシャル線と流線に写像される．これより，z 面において流線が固体壁を示す境界は，ζ 面でも固体境界となる．

また，z 面上での物体を取り囲む閉曲線 C は ζ 面上で C' に写像されるとすると，式 (6.62) および式 (6.63) から，C および C' を通るわき出し量 $Q(C)$，$Q(C')$ および C および C' に沿う循環 $\Gamma(C)$，$\Gamma(C')$ は

$$\begin{aligned}Q(C) &= \oint_C d\Psi = \oint_{C'} d\Psi = Q(C') \\ \Gamma(C) &= \oint_C d\Phi = \oint_{C'} d\Phi = \Gamma(C')\end{aligned} \quad (6.97)$$

となる．よって，等角写像において，循環およびわき出し量は不変である．

6.6 ジューコフスキー変換

6.3 節の式 (6.46) より，円柱を過ぎる一様流の複素速度ポテンシャル

$$W(z) = U\left(z + \frac{a^2}{z}\right) \tag{6.98}$$

は $z = x + iy$ 面から $W = \Phi + i\Psi$ 面への変換と考えられる．つまり，z 面で半径 a の円を過ぎる一様流の W 面への変換となる．このことから，$z = g(\zeta)$ として

$$z = \zeta + \frac{a^2}{\zeta} \tag{6.99}$$

という変換を考える．この変換は**ジューコフスキー変換**と呼ばれ，翼理論において重要となる（図 6.12）．

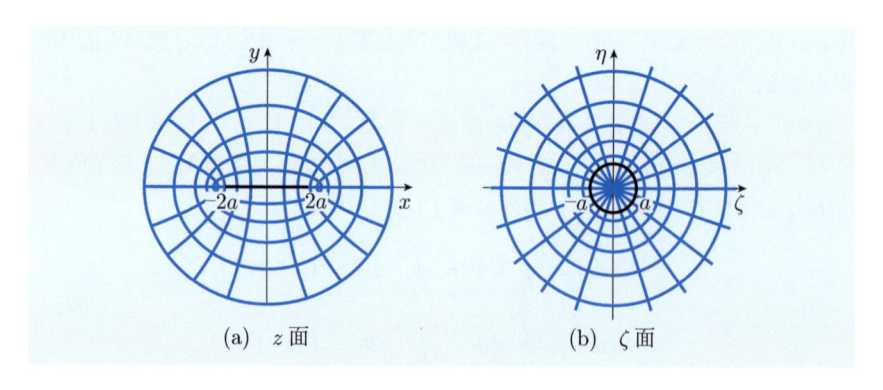

図 6.12 ジューコフスキー変換

ζ 面上で半径 r の円として，$\zeta = re^{i\theta}$ とおくと，

$$\begin{aligned} x + iy &= z \\ &= re^{i\theta} + \frac{a^2}{r}e^{-i\theta} \\ &= \left(r + \frac{a^2}{r}\right)\cos\theta + i\left(r - \frac{a^2}{r}\right)\sin\theta \end{aligned} \tag{6.100}$$

よって

$$x = \left(r + \frac{a^2}{r}\right)\cos\theta$$
$$y = \left(r - \frac{a^2}{r}\right)\sin\theta \tag{6.101}$$

となり，θ を消去すると

$$\frac{x^2}{\left(r + \frac{a^2}{r}\right)^2} + \frac{y^2}{\left(r - \frac{a^2}{r}\right)^2} = 1 \tag{6.102}$$

と書ける．これは長半径 $A = r + (a^2/r)$，短半径 $B = r - (a^2/r)$ の楕円を表す．また，その焦点 x_0 は

$$\begin{aligned} x_0 &= \pm\sqrt{A^2 - B^2} \\ &= \pm 2a \end{aligned} \tag{6.103}$$

で与えられる．以上より，ζ 面上における半径 r の円は，z 面上において長半径 A，短半径 B の楕円に写像されることが分かる．

特殊な場合として ζ 面上における半径 a の円は式 (6.101) より，$x = 2a\cos\theta$，$y = 0$ への写像となる．θ が 0 から 2π まで変化するとき，x は $-2a \leq x \leq 2a$ と x 軸上の線分に写像される．

また，ζ 面上の原点から出る半直線 $\theta = $ 一定 は，式 (6.101) から r を消去して，

$$\frac{x^2}{\cos^2\theta} - \frac{y^2}{\sin^2\theta} = 4a^2 \tag{6.104}$$

で表される双曲線に写像される．焦点は楕円と同じく $x_0 = \pm 2a$ である．

(a) 平板を過ぎる流れ

z 面の x 軸に沿って長さ $4a$ の線分で表される平板（3次元の場合には幅 $4a$ の無限平板）を過ぎる流れを考える．x 軸に平行で一定速度 U を持つ一様流（平板の存在は一様流に無関係）の複素速度ポテンシャルは式 (6.26) より，

$$W(z) = Uz \tag{6.105}$$

で与えられる．これにジューコフスキー変換

$$z = \zeta + \frac{a^2}{\zeta} \tag{6.106}$$

を施す．z 面での平板を過ぎる流れは，ζ 面では

$$W = U\left(\zeta + \frac{a^2}{\zeta}\right) \tag{6.107}$$

となり，これは式 (6.46) から明らかなように半径 a の円柱周りの流れを表している．

z 面での一様流が x 軸に角 α だけ傾き，循環がある場合は一般に

$$W = U\left(\zeta e^{-i\alpha} + \frac{a^2 e^{i\alpha}}{\zeta}\right) - \frac{i\Gamma}{2\pi}\log\zeta \tag{6.108}$$

と表現できる．複素速度は

$$\begin{aligned}w &= \frac{dW}{dz} \\ &= \frac{dW}{d\zeta}\frac{d\zeta}{dz} \\ &= \frac{U\left(e^{-i\alpha} - a^2 e^{i\alpha}/\zeta^2\right) - i\Gamma/2\pi\zeta}{1 - a^2/\zeta^2}\end{aligned} \tag{6.109}$$

で与えられ，$\Gamma = 0$ の場合平板の両端 $z = \pm 2a$ に対応する $\zeta = \pm a$ において，$|w| = \infty$ つまり速度は無限大となる．これは，6.2 (a) 節でみたように平板の端である角度 2π の角を曲がらないといけないからである．一方で，循環 Γ を適当に選択すれば，平板の片方の端で速度を有限にできる．$z = 2a$ で有限性を要求すれば，$\zeta = a$ において分子が分母と同時にゼロとして

$$\begin{aligned}\Gamma &= -i2\pi a U\left(e^{-i\alpha} - e^{i\alpha}\right) \\ &= -4\pi a U \sin\alpha\end{aligned} \tag{6.110}$$

が得られる．図 6.13 (a), (b) に平板を過ぎる流れと循環のある平板を過ぎる流れを示す．

　平板のような薄型物体が一様流に傾いている場合，前の端を**前縁**，後の端を**後縁**と呼ぶ．尖った後縁を持つ 2 次元物体について，流れが後縁に接して離れる条件で循環を決めることを**クッタ-ジューコフスキーの条件**という．

　静止流体中で翼がある瞬間から急に動き始めると，3.4 節に示したラグランジュの渦定理により，流れは渦なしであり，翼の周りに循環は存在しない．翼の後縁で流れは鋭い角を回るため，流速が大きくなり，圧力は著しく低下する．実在の流体では粘性のため表面に沿って境界層が発達するが，下面の境界層は

6.6 ジューコフスキー変換

(a) 平板を過ぎる流れ　　(b) 循環のある平板を過ぎる流れ

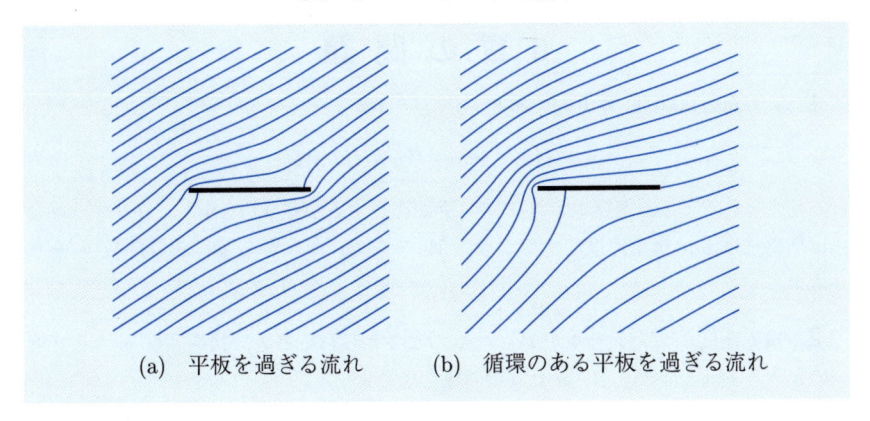

図 6.13　平板を過ぎる流れ

翼の後端から巻き上がって1つの渦となり後方に放出される．この渦と翼とを含む閉曲線に沿っての循環はケルヴィンの循環定理によってゼロであるから，図 6.14 に示すように翼の周りには渦と同じ大きさで方向が反対の循環が残され，流れが後端に接して流れるというクッタ-ジューコフスキーの条件が満たされる．

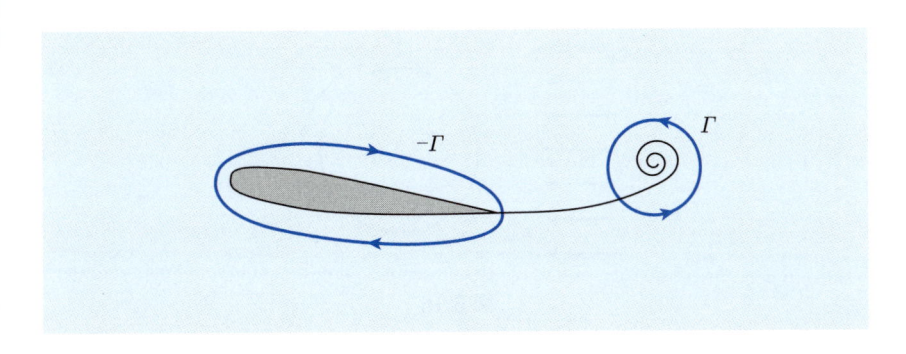

図 6.14　翼周りの循環

6 章 の 問 題

☐ **1** x 方向の速度 u, y 方向の速度 v が

$$u = Ux, \quad v = -Uy \quad (U:\text{定数})$$

で与えられるとき，速度ポテンシャル Φ が存在するかどうかを示し，存在する場合は複素速度 w, 複素速度ポテンシャル W を求め，それから Φ, 流れ関数 Ψ を求めよ．

☐ **2** 複素速度ポテンシャルが $W = Az^a$ と与えられるとき，複素速度 w から速度の大きさ $q = |w|$ として，a と q の関係を求めよ．

☐ **3** x 軸の正方向への一様流と原点からのわき出しの重ね合わせは，半無限物体を過ぎる流れ場を表すが，このときのよどみ点の位置と半無限物体の幅を求めよ．

☐ **4** 図 6.15 に示すように，速度 $U = 3\,\text{m/s}$ の一様流中に半径 $r = 1\,\text{cm}$, 長さ $l = 1\,\text{m}$ の棒（円柱）が，一定の外周速度 $q = 20\,\text{cm/s}$ で回転しているとする．このとき，棒の周りに発生する循環 Γ を求め，棒に作用する奥行き単位長さあたりの揚力 F を求めよ．ただし，流体の密度 $\rho = 1.3\,\text{kg/m}^3$ とする．

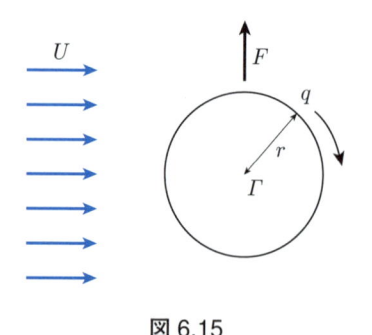

図 6.15

☐ **5** 静止流体中を運動する循環を伴う円柱に働く力を求めよ．ただし，非定常流であるため，ブラジウスの公式は適用できないので，より一般的な次の式を用いる．

$$F_x - iF_y = i\rho \oint_{C_0} \left\{ \text{Re}\left(\frac{\partial W}{\partial t}\right) + \frac{1}{2}\left|\frac{dW}{dz}\right|^2 + \Lambda \right\} dz^* \qquad (6.111)$$

また，円柱の運動に対する流体の反作用として現れる誘導質量を求め，これが円柱が排除する流体の質量と等しいことを示せ．

付　　録

A.1　ベクトル解析の復習

2変数の関数 $f(x,y)$ を考える．2個の独立変数 x, y のうち，y を固定して x のみを変化させたときの関数 $f(x,y)$ の変化

$$\frac{\partial f(x,y)}{\partial x} = \lim_{\Delta x \to 0} \frac{f(x+\Delta x, y) - f(x,y)}{\Delta x} \tag{A.1}$$

を関数 $f(x,y)$ の x に関する偏微分という．y に関する偏微分も同様に定義できる．微分操作を繰り返せば2階以上の偏微分係数を定義することができる．さて $f(x+dx, y+dy)$ と $f(x,y)$ の差

$$df(x,y) = f(x+dx, y+dy) - f(x,y)$$

を関数 $f(x,y)$ の全微分という．このとき，

$$\begin{aligned}df(x,y) &= \left[\frac{f(x+dx, y+dy) - f(x, y+dy)}{dx}\right] dx \\&\quad + \left[\frac{f(x, y+dy) - f(x,y)}{dy}\right] dy \\&= \frac{\partial f(x, y+dy)}{\partial x} dx + \frac{\partial f(x,y)}{\partial y} dy\end{aligned}$$

となるが，右辺第1項の2次以上の微小量を無視すると，

$$df(x,y) = \frac{\partial f(x,y)}{\partial x} dx + \frac{\partial f(x,y)}{\partial y} dy$$

となる．3変数関数 $f(x,y,z)$ についても同様に

$$df(x,y,z) = \frac{\partial f(x,y,z)}{\partial x} dx + \frac{\partial f(x,y,z)}{\partial y} dy + \frac{\partial f(x,y,z)}{\partial z} dz \tag{A.2}$$

となる．

式 (A.2) の微分操作 $(\partial/\partial x, \partial/\partial y, \partial/\partial z)$ を形式的にベクトルの3成分と見なして，

$$\nabla = \left(\frac{\partial}{\partial x}, \frac{\partial}{\partial y}, \frac{\partial}{\partial z}\right), \quad d\boldsymbol{x} = (dx, dy, dz)$$

と書くと，式 (A.2) の右辺は ∇f とベクトル $d\boldsymbol{x}$ の内積を成分で表した形であるから，式 (A.2) は

$$f(\boldsymbol{x}+d\boldsymbol{x}) - f(\boldsymbol{x}) = df(\boldsymbol{x}) = \nabla f \cdot d\boldsymbol{x} \tag{A.3}$$

となる．

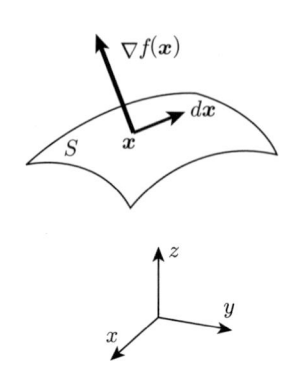

図 A.1 関数 $f(\boldsymbol{x})$ の勾配

図 A.1 に示すように 3 変数関数 $f(\boldsymbol{x})$ がある一定値 C に等しいとき，$f(x,y,z) = C$ は 3 次元空間の 1 つの曲面 S を与える．逆に $f(\boldsymbol{x}) = C$ であるとき，点 $\boldsymbol{x}$ は曲面 S 上にある．そこで式 (A.3) の $\boldsymbol{x} + d\boldsymbol{x}$ も曲面 S 上にとると，$f(\boldsymbol{x}) = f(\boldsymbol{x} + d\boldsymbol{x}) = C$ であるから，式 (A.3) の左辺は 0 となり，$df(\boldsymbol{x}) = 0$ となる．したがって，

$$\nabla f \cdot d\boldsymbol{x} = 0$$

となる．すなわちベクトル ∇f と曲面 S 上の $d\boldsymbol{x}$ は直交する．曲面 S 上の $d\boldsymbol{x}$ の方向は任意にとれるから，∇f は点 $\boldsymbol{x}$ において曲面 S と直交するベクトルである．∇f は関数 $f(\boldsymbol{x})$ の空間内における勾配を表すことから，∇f は $\mathrm{grad}\, f(\boldsymbol{x})$ と表される．すなわち，

$$\mathrm{grad}\, f(\boldsymbol{x}) = \left(\frac{\partial f(\boldsymbol{x})}{\partial x}, \frac{\partial f(\boldsymbol{x})}{\partial y}, \frac{\partial f(\boldsymbol{x})}{\partial z} \right)$$

となる．

A.2　等エントロピー変化

単位質量の系のエントロピー変化は

$$ds = \left(\frac{\partial s}{\partial T}\right)_v dT + \left(\frac{\partial s}{\partial v}\right)_T dv \tag{A.4}$$

ここで，$v = 1/\rho$ は比体積である．また，熱力学の関係式

$$c_v = \left(\frac{\partial Q}{\partial T}\right)_v = T\left(\frac{\partial s}{\partial T}\right)_v = \left(\frac{\partial U}{\partial T}\right)_v, \quad \left(\frac{\partial p}{\partial T}\right)_v = \left(\frac{\partial s}{\partial v}\right)_T$$

A.2 等エントロピー変化

(ここで $(\partial Q/\partial T)_v$ は v を一定に保って Q を T で偏微分するという意味) より,

$$\left(\tfrac{\partial s}{\partial T}\right)_v = \tfrac{c_v}{T}, \ \left(\tfrac{\partial s}{\partial v}\right)_T = \left(\tfrac{\partial p}{\partial T}\right)_v$$

となり, 式 (A.4) に代入すると次式が得られる.

$$ds = \tfrac{c_v}{T}\,dT + \left(\tfrac{\partial p}{\partial T}\right)_v dv$$

理想気体の状態方程式 $pv = RT$ より

$$\left(\tfrac{\partial p}{\partial T}\right)_v = \left[\tfrac{\partial}{\partial T}\left(\tfrac{RT}{v}\right)\right]_v = \tfrac{R}{v}$$

となる. ゆえに

$$ds = c_v\,\tfrac{dT}{T} + R\,\tfrac{dv}{v} \tag{A.5}$$

また状態方程式を微分形で表すと

$$\tfrac{dp}{p} + \tfrac{dv}{v} = \tfrac{dT}{T} \tag{A.6}$$

となる. 式 (A.5), (A.6) から dv/v を消去し,

$$c_p = c_v + R$$

を用いると,

$$ds = c_p\,\tfrac{dT}{T} - R\,\tfrac{dp}{p} \tag{A.7}$$

となる. 式 (A.6) を用いて上式から dT/T を消去すると,

$$ds = c_p\,\tfrac{dv}{v} + c_v\,\tfrac{dp}{p} \tag{A.8}$$

が成立する.

式 (A.5), (A.7), (A.8) がエントロピー変化に関する基礎式を与えるが, 比熱が一定の場合, これらの式は次のように表すことができる.

$$s_2 - s_1 = c_v \ln \tfrac{T_2}{T_1} + R \ln \tfrac{v_2}{v_1} = c_p \ln \tfrac{T_2}{T_1} - R \ln \tfrac{p_2}{p_1} = c_p \ln \tfrac{v_2}{v_1} + c_v \ln \tfrac{p_2}{p_1}$$

この式から

$$\tfrac{s_2 - s_1}{c_v} = \gamma \ln \tfrac{v_2}{v_1} + \ln \tfrac{p_2}{p_1} = \ln \left(\tfrac{\rho_1}{\rho_2}\right)^\gamma \left(\tfrac{p_2}{p_1}\right)$$

ここで $\gamma = c_p/c_v$ は比熱比である. 上式から

$$\exp\left(\tfrac{s_2 - s_1}{c_v}\right) = \left(\tfrac{\rho_1}{\rho_2}\right)^\gamma \left(\tfrac{p_2}{p_1}\right)$$

が得られる. したがって

$$p_2 = \tfrac{p_1}{\rho_1^\gamma}\,\rho_2^\gamma \exp\left(\tfrac{s_2 - s_1}{c_v}\right)$$

となる．ここで $p_1/\rho_1^\gamma = k$ とおき，p_2, ρ_2, s_2, s_1 をそれぞれ p, ρ, s, s_0 と置き換えると

$$p = k\rho^\gamma \exp\left(\frac{s-s_0}{c_v}\right) \tag{A.9}$$

となる．等エントロピー的な流れでは，式 (A.9) で s を一定とおいて

$$p \propto \rho^\gamma$$

となり，いわゆる**断熱法則**が成り立つ．

A.3 テンソル解析

詳細は専門書に譲るとして，簡単な**テンソル**解析を列挙する．

0 階のテンソルである**スカラー**は，方向依存性のない量で添え字をつけず，例えば ρ のように書く．密度 ρ や速度ポテンシャル Φ などがスカラーである．

1 階のテンソルである**ベクトル**は，1 方向依存性があり添え字 1 つを付けて例えば u_i と書く．ただし i は 3 次元空間では，$i = 1, 2, 3$ または $i = x, y, z$ の意味であり，$\boldsymbol{u} = (u_1, u_2, u_3) = (u_x, u_y, u_z)$ など速度はベクトルの代表例である．勾配 grad は grad $= \partial/\partial x_i$ と書けるベクトルである．速度ポテンシャルの勾配が速度ベクトルとなることを学んだが，それは以下のように表現できる．

$$u_i = \frac{\partial \Phi}{\partial x_i}$$

2 階のテンソルは，応力のように 2 方向依存性がある量で，例えば τ_{ij} のように添え字 2 つを付ける．ただし，$i, j = 1, 2, 3$ または $i, j = x, y, z$ である．$\partial u_x/\partial y$ などが 2 方向依存性を持つ量でそれらの量から構成されるテンソルの代表例が，速度勾配テンソル D_{ij}，速度勾配テンソルの対称部分 S_{ij}，速度勾配テンソルの反対称部分 Ω_{ij} である．

$$D_{ij} = \frac{\partial u_j}{\partial x_i}, \quad S_{ij} = \frac{1}{2}\left(\frac{\partial u_j}{\partial x_i} + \frac{\partial u_i}{\partial x_j}\right), \quad \Omega_{ij} = \frac{1}{2}\left(\frac{\partial u_j}{\partial x_i} - \frac{\partial u_i}{\partial x_j}\right)$$

3 次元ですべての成分を表示するのは繁雑になる．そこで，**アインシュタインの総和規約**，または**アインシュタインの縮約記法**という規則がある．これは，同じ添え字が出てきた場合は，各成分の和の縮約とするというものである．例えば，τ_{ij} は添え字 2 つをもつので，2 階のテンソルであるが，τ_{ii} は添え字を 2 つもつがそれらが同じ i で書かれている．この場合は，以下の意味とする．

$$\tau_{ii} = \tau_{11} + \tau_{22} + \tau_{33} \tag{A.10}$$

これがアインシュタインの縮約の例で，右辺の 3 項を左辺の 1 項で表すことができて

便利である．また，式 (A.10) は添え字として 2 つ持つが，右辺から分かるように，方向依存性がなくなっている．つまり，左辺のように同じ添え字がある場合は，スカラーを表していることが一目で分かる．

同様の例として，ベクトルの内積があげられる．

$$\boldsymbol{u} \cdot \boldsymbol{u} = u_i u_i = u_1^2 + u_2^2 + u_3^2 = 2E$$

となり，スカラーである運動エネルギー E の 2 倍を与える．非圧縮性流体の連続の式は，$\partial/\partial x_i$ と u_i の内積であり，下記のように表現できる．

$$\frac{\partial u_i}{\partial x_i} = 0$$

非粘性で外力のない非圧縮性流体の運動量の式はベクトル形式では，

$$\frac{\partial \boldsymbol{u}}{\partial t} + (\boldsymbol{u} \cdot \nabla)\boldsymbol{u} = -\frac{1}{\rho}\nabla p$$

と表現され，簡便に表現できるがこれまでの添え字を使った表現では，

$$\frac{\partial u_i}{\partial t} + u_j \frac{\partial u_i}{\partial x_j} = -\frac{1}{\rho}\frac{\partial p}{\partial x_i}$$

となり，こちらも簡便である．また，左辺第 1 項の添え字が 1 つしかないことから，この式はベクトルに関する式であることも分かる．各項が添え字 i にのみ依存している．左辺第 2 項はいわゆる非線形項であるが，添え字 j が 2 つあることから j に関しては

$$u_j \frac{\partial u_x}{\partial x_j} = u_x \frac{\partial u_x}{\partial x} + u_y \frac{\partial u_x}{\partial y} + u_z \frac{\partial u_x}{\partial z}$$

のように縮約がとられている（u_x に関する運動量の式の左辺第 2 項のみを示した）．このように，添え字で表現をすると左辺第 2 項の意味は，ベクトル u_j と 2 階のテンソル $\partial u_i/\partial x_j$ の積と見ることができるし，またスカラー $u_j \partial/\partial x_j$ とベクトル u_i との積とも見ることができる．

また，基本的な 2 階のテンソルとして**クロネッカーデルタ**

$$\delta_{ij} = 1 \quad (i = j)$$
$$= 0 \quad (i \neq j)$$

基本的な 3 階のテンソルとして**エディントンのイプシロン**または**交代テンソル**

$$\varepsilon_{ijk} = 1 \quad (i, j, k) = (\to 1 \to 2 \to 3 \to)$$
$$= -1 \quad (i, j, k) = (\to 3 \to 2 \to 1 \to)$$
$$= 0 \quad (\text{その他 } \varepsilon_{iik}, \varepsilon_{133}, \varepsilon_{111} \text{ など})$$

がある．ここで，$(i, j, k) = (\to 1 \to 2 \to 3 \to)$ とは i，j，k の並びが 1，2，3 とい

う順番の組という意味で，具体的にはそれぞれ 3 通りがある．

$$\varepsilon_{123} = \varepsilon_{231} = \varepsilon_{312} = 1 \quad (\text{偶置換})$$

$$\varepsilon_{321} = \varepsilon_{213} = \varepsilon_{132} = -1 \quad (\text{奇置換})$$

交代テンソルは外積に用いられ，$\boldsymbol{A} \times \boldsymbol{B}$ の i 成分は

$$(\boldsymbol{A} \times \boldsymbol{B})_i = \varepsilon_{ijk} A_j B_k$$

と簡便に表現できる．j, k について縮約がとられており，i に関するベクトルになっていることに注意が必要である．例えば，回転 $\nabla \times \boldsymbol{u} = \mathrm{rot}\,\boldsymbol{u}$ は上記の A_j を $\nabla = \partial/\partial x_j$ と置き換えて，以下のように表現される．

$$\nabla \times \boldsymbol{u} = \varepsilon_{ijk}\frac{\partial u_k}{\partial x_j} = \left(\frac{\partial u_z}{\partial y} - \frac{\partial u_y}{\partial z}, \frac{\partial u_x}{\partial z} - \frac{\partial u_z}{\partial x}, \frac{\partial u_y}{\partial x} - \frac{\partial u_x}{\partial y}\right)$$

交代テンソルおよびクロネッカーデルタとの間には下記の重要な関係がある．

$$\varepsilon_{ijk} = -\varepsilon_{jik} \tag{A.11}$$

$$\varepsilon_{ijk}\varepsilon_{lmn} = \begin{vmatrix} \delta_{il} & \delta_{im} & \delta_{in} \\ \delta_{jl} & \delta_{jm} & \delta_{jn} \\ \delta_{kl} & \delta_{km} & \delta_{kn} \end{vmatrix} \tag{A.12}$$

$$\varepsilon_{ijk}\varepsilon_{imn} = \delta_{jm}\delta_{kn} - \delta_{jn}\delta_{km} = \begin{vmatrix} \delta_{jm} & \delta_{jn} \\ \delta_{km} & \delta_{kn} \end{vmatrix} \tag{A.13}$$

$$\varepsilon_{ijk}\varepsilon_{ijn} = 2\delta_{kn} \tag{A.14}$$

$$\varepsilon_{ijk}\varepsilon_{ijk} = 6 \tag{A.15}$$

■ 例題 A.1

(1) $\delta_{ii} = 3$ を示せ．
(2) $u_i \delta_{ij} = u_j$ を示せ．
(3) $\delta_{ij}\delta_{ij} = 3$ を示せ．
(4) 単位ベクトル $\boldsymbol{e}$ について，$\boldsymbol{e}_i \cdot \boldsymbol{e}_j = \delta_{ij}$ を示せ．
(5) $\frac{\partial x_i}{\partial x_j} = \frac{\partial x_j}{\partial x_i} = \delta_{ij}$ を示せ．
(6) $\frac{\partial x_i}{\partial x_i} = 3$ を示せ．

【解答】 (1)

$$\delta_{ii} = \delta_{11} + \delta_{22} + \delta_{33} = 1 + 1 + 1 = 3$$

つまり，i として 1〜3 と 3 通りあるので 3 となる．

(2)
$$u_i \delta_{ij} = u_1 \delta_{1j} + u_2 \delta_{2j} + u_3 \delta_{3j} = u_j$$

このようにクロネッカーデルタは u_i を u_j に置き換えることから，**置き換えテンソル**とも呼ばれる．

(3) $\qquad\qquad\qquad \delta_{ij}\delta_{ij} = \delta_{ii} = 3$

(4) $e_i \cdot e_j$ は $i=j$ のとき 1 となり，$i \neq j$ では 0 より，
$$e_i \cdot e_j = \delta_{ij}$$

(5) $\partial x_i / \partial x_j$ は $i=j$ のとき 1 となり，$i \neq j$ では 0 より，
$$\frac{\partial x_i}{\partial x_j} = \frac{\partial x_j}{\partial x_i} = \delta_{ij}$$

(6) $\qquad\qquad\qquad \dfrac{\partial x_i}{\partial x_i} = \delta_{ii} = 3$

■

例題 A.2

(1) $\varepsilon_{ijk}\varepsilon_{lmn} = \begin{vmatrix} \delta_{il} & \delta_{im} & \delta_{in} \\ \delta_{jl} & \delta_{jm} & \delta_{jn} \\ \delta_{kl} & \delta_{km} & \delta_{kn} \end{vmatrix}$ を示せ．

(2) $\varepsilon_{ijk}\varepsilon_{ilm} = \delta_{jl}\delta_{km} - \delta_{jm}\delta_{kl}$ を示せ．

(3) $\varepsilon_{ijk}\varepsilon_{ijn} = 2\delta_{kn}$ を示せ．

(4) $\varepsilon_{ijk}\varepsilon_{ijk} = 6$ を示せ．

【解答】 (1)

$$\text{右辺} = \varepsilon_{ijk} \begin{vmatrix} \delta_{1l} & \delta_{1m} & \delta_{1n} \\ \delta_{2l} & \delta_{2m} & \delta_{2n} \\ \delta_{3l} & \delta_{3m} & \delta_{3n} \end{vmatrix} = \varepsilon_{ijk}\varepsilon_{lmn} \begin{vmatrix} \delta_{11} & \delta_{12} & \delta_{13} \\ \delta_{21} & \delta_{22} & \delta_{23} \\ \delta_{31} & \delta_{32} & \delta_{33} \end{vmatrix}$$

$$= \varepsilon_{ijk}\varepsilon_{lmn} \begin{vmatrix} 1 & 0 & 0 \\ 0 & 1 & 0 \\ 0 & 0 & 1 \end{vmatrix} = \varepsilon_{ijk}\varepsilon_{lmn} = \text{左辺}$$

上記のように，右辺の i, j, k を 1, 2, 3 で置き換えて ε_{ijk} をかけると，i, j, k が偶置換なら $\varepsilon_{ijk} = 1$，i, j, k が奇数置換なら $\varepsilon_{ijk} = -1$ で満たす．

(2) これが最も利用される重要な公式である．

n 次の行列式 D は，その行列式 D から k 番目の行と m 番目の列とを取り去った

$(n-1)$ 次の小行列式 D_{km} を使って，次のように表すことができる．

$$D = \begin{vmatrix} a_{11} & a_{12} & \cdots & a_{1n} \\ a_{21} & a_{22} & \cdots & a_{2n} \\ \cdots & \cdots & \cdots & \cdots \\ a_{n1} & a_{n2} & \cdots & a_{nn} \end{vmatrix} = \sum_{k=1}^{n} (-1)^{k+m} a_{km} D_{km}$$

ここで最後の式では k, m に関して縮約をとらないものとする．

この行列式に関する公式を利用すると

$$\varepsilon_{ijk}\varepsilon_{imn} = \begin{vmatrix} \delta_{ii} & \delta_{im} & \delta_{in} \\ \delta_{ji} & \delta_{jm} & \delta_{jn} \\ \delta_{ki} & \delta_{km} & \delta_{kn} \end{vmatrix}$$

$$= \delta_{ii} \begin{vmatrix} \delta_{jm} & \delta_{jn} \\ \delta_{km} & \delta_{kn} \end{vmatrix} - \delta_{ji} \begin{vmatrix} \delta_{im} & \delta_{in} \\ \delta_{km} & \delta_{kn} \end{vmatrix} + \delta_{ki} \begin{vmatrix} \delta_{im} & \delta_{in} \\ \delta_{jm} & \delta_{jn} \end{vmatrix}$$

$$= 3 \begin{vmatrix} \delta_{jm} & \delta_{jn} \\ \delta_{km} & \delta_{kn} \end{vmatrix} - \begin{vmatrix} \delta_{jm} & \delta_{jn} \\ \delta_{km} & \delta_{kn} \end{vmatrix} + \begin{vmatrix} \delta_{km} & \delta_{kn} \\ \delta_{jm} & \delta_{jn} \end{vmatrix}$$

$$= 3 \begin{vmatrix} \delta_{jm} & \delta_{jn} \\ \delta_{km} & \delta_{kn} \end{vmatrix} - \begin{vmatrix} \delta_{jm} & \delta_{jn} \\ \delta_{km} & \delta_{kn} \end{vmatrix} - \begin{vmatrix} \delta_{jm} & \delta_{jn} \\ \delta_{km} & \delta_{kn} \end{vmatrix}$$

(ここで右辺第3項では行を上下入れ替えたので，符号が変わったことに注意)

$$= \begin{vmatrix} \delta_{jm} & \delta_{jn} \\ \delta_{km} & \delta_{kn} \end{vmatrix} = \delta_{jm}\delta_{kn} - \delta_{jn}\delta_{km}$$

(3) $\quad \varepsilon_{ijk}\varepsilon_{ijn} = \begin{vmatrix} \delta_{jj} & \delta_{jn} \\ \delta_{kj} & \delta_{kn} \end{vmatrix} = \delta_{jj}\delta_{kn} - \delta_{jn}\delta_{kj} = 3\delta_{kn} - \delta_{kn} = 2\delta_{kn}$

(4) $\quad \varepsilon_{ijk}\varepsilon_{ijk} = 2\delta_{kk} = 6$

添え字表現の利点は，様々なベクトル解析の公式を覚えることなく計算できる点である．

$$\nabla = \text{grad} = \frac{\partial}{\partial x_i}$$
$$\nabla \cdot = \text{div} = \frac{\partial}{\partial x_i}()_i$$
$$\nabla \times = \text{rot} = \varepsilon_{ijk}\frac{\partial}{\partial x_j}()_k$$

rot に関しては j, k について縮約がとられており，i に関するベクトルになっている

A.3 テンソル解析

ことに注意が必要である．これらを用いてベクトル解析の公式を調べてみよう．ラプラシアン $\Delta\Phi$ は

$$\Delta\Phi = \nabla\cdot\nabla\Phi = \mathrm{div}\,\mathrm{grad}\,\Phi = \frac{\partial}{\partial x_i}\frac{\partial\Phi}{\partial x_i} = \frac{\partial^2\Phi}{\partial x_i^2}$$

ベクトル解析の公式では

$$\nabla\cdot(\nabla\times\boldsymbol{u}) = \mathrm{div}\,\mathrm{rot}\,\boldsymbol{u} = 0 \tag{A.16}$$

が成り立つが，これは添え字表現で計算をすると，

$$\begin{aligned}
\frac{\partial}{\partial x_i}\varepsilon_{ijk}\frac{\partial u_k}{\partial x_j} &= \varepsilon_{ijk}\frac{\partial^2 u_k}{\partial x_i\partial x_j} \\
&= \tfrac{1}{2}\varepsilon_{ijk}\frac{\partial^2 u_k}{\partial x_i\partial x_j} + \tfrac{1}{2}\varepsilon_{ijk}\frac{\partial^2 u_k}{\partial x_i\partial x_j} \\
&= \tfrac{1}{2}\varepsilon_{ijk}\frac{\partial^2 u_k}{\partial x_i\partial x_j} + \tfrac{1}{2}\varepsilon_{jik}\frac{\partial^2 u_k}{\partial x_j\partial x_i} \\
&= \tfrac{1}{2}\varepsilon_{ijk}\frac{\partial^2 u_k}{\partial x_i\partial x_j} - \tfrac{1}{2}\varepsilon_{ijk}\frac{\partial^2 u_k}{\partial x_i\partial x_j} = 0
\end{aligned} \tag{A.17}$$

を簡単に示すことができる．ここで，i,j に関して縮約がとられているので，i,j を入れ替えても同じ意味であるので，入れ替えを行い，さらに空間微分は i,j の交換が可能であるので同じとなるが，交代テンソルの順番を入れ替えたのでそれを ε_{ijk} にそろえるとマイナスが出ることから上記のようにゼロとなる．

運動量の式の回転をとると渦度方程式を導くことができるが，運動量の式の左辺第 2 項の非線形項の回転を計算するには，

$$\nabla\times(\boldsymbol{A}\times\boldsymbol{B}) = (\boldsymbol{B}\cdot\nabla)\boldsymbol{A} + (\nabla\cdot\boldsymbol{B})\boldsymbol{A} - (\boldsymbol{A}\cdot\nabla)\boldsymbol{B} - (\nabla\cdot\boldsymbol{A})\boldsymbol{B}$$

といった公式を利用もしくは暗記しておく必要があるが，添え字表現では，計算して簡単に導くことができる．

$$\begin{aligned}
\left(\nabla\times(\boldsymbol{A}\times\boldsymbol{B})\right)_i &= \varepsilon_{ijk}\frac{\partial}{\partial x_j}(\varepsilon_{klm}A_l B_m) \\
&= \varepsilon_{kij}\varepsilon_{klm}\left(B_m\frac{\partial A_l}{\partial x_j} + A_l\frac{\partial B_m}{\partial x_j}\right) \\
&= (\delta_{il}\delta_{jm} - \delta_{im}\delta_{jl})\left(B_m\frac{\partial A_l}{\partial x_j} + A_l\frac{\partial B_m}{\partial x_j}\right) \\
&= \left((\boldsymbol{B}\cdot\nabla)\boldsymbol{A} + (\nabla\cdot\boldsymbol{B})\boldsymbol{A} - (\boldsymbol{A}\cdot\nabla)\boldsymbol{B} - (\nabla\cdot\boldsymbol{A})\boldsymbol{B}\right)_i
\end{aligned}$$

■ 例題 A.3

渦度ベクトル $\boldsymbol{\omega}$ は速度ベクトル $\boldsymbol{u}$ の回転として与えられる．
(1) 渦度ベクトルの発散を求めよ．
(2) 渦度ベクトルの回転を求めよ．
(3) $(\boldsymbol{u}\cdot\nabla)\boldsymbol{u} = \nabla\left(\frac{u^2}{2}\right) - \boldsymbol{u}\times\boldsymbol{\omega}$ を示せ．

(4) 外力のない非圧縮性流体に対するオイラー方程式の回転をとり，渦度方程式を導け．

【解答】 (1)
$$\boldsymbol{\omega} = \nabla \times \boldsymbol{u}$$
である．その発散は，式 (A.16) より
$$\nabla \cdot \boldsymbol{\omega} = \operatorname{div} \operatorname{rot} \boldsymbol{u} = 0$$
となる．

(2)
$$\begin{aligned}
(\nabla \times \boldsymbol{\omega})_i &= \varepsilon_{ijk} \frac{\partial}{\partial x_j}\left(\varepsilon_{klm}\frac{\partial u_m}{\partial x_l}\right) \\
&= \varepsilon_{kij}\varepsilon_{klm}\left(\frac{\partial^2 u_m}{\partial x_j \partial x_l}\right) \\
&= (\delta_{il}\delta_{jm} - \delta_{im}\delta_{jl})\left(\frac{\partial^2 u_m}{\partial x_j \partial x_l}\right) \\
&= \frac{\partial^2 u_j}{\partial x_i \partial x_j} - \frac{\partial^2 u_i}{\partial x_j \partial x_j} \\
&= \frac{\partial}{\partial x_i}\nabla \cdot u - \Delta u_i
\end{aligned}$$

(3)
$$\begin{aligned}
(\boldsymbol{u} \times \boldsymbol{\omega})_i &= \varepsilon_{ijk} u_j \omega_k \\
&= \varepsilon_{ijk} u_j \varepsilon_{klm} \frac{\partial u_m}{\partial x_l} \\
&= \varepsilon_{kij}\varepsilon_{klm} u_j \frac{\partial u_m}{\partial x_l} \\
&= (\delta_{il}\delta_{jm} - \delta_{im}\delta_{jl}) u_j \frac{\partial u_m}{\partial x_l} \\
&= u_j \frac{\partial u_j}{\partial x_i} - u_j \frac{\partial u_i}{\partial x_j}
\end{aligned} \qquad (\text{A.18})$$

より，オイラーの運動方程式 (4.14) の非線形項は上記のように分離できる．

(4) 外力のない非圧縮性流体に対するオイラー方程式は，
$$\frac{\partial \boldsymbol{u}}{\partial t} + (\boldsymbol{u} \cdot \nabla)\boldsymbol{u} = -\nabla\left(\frac{p}{\rho}\right)$$
と書ける．式 (A.18) を非線形項に用いると
$$\frac{\partial \boldsymbol{u}}{\partial t} = \nabla\left(-\frac{p}{\rho} - \frac{u^2}{2}\right) + \boldsymbol{u} \times \boldsymbol{\omega} \qquad (\text{A.19})$$
また，任意のスカラー f に対して，
$$\nabla \times \nabla f = \varepsilon_{ijk}\frac{\partial}{\partial x_j}\frac{\partial f}{\partial x_k} = \boldsymbol{0}$$
が成り立つので（式 (A.17) と同じく j, k の入れ替えを使う），式 (A.19) の回転をとって，

$$\frac{\partial \omega}{\partial t} = \nabla \times (\boldsymbol{u} \times \boldsymbol{\omega})$$

となる.

■ **例題 A.4**

$$\mathrm{rot}\left(\tfrac{1}{\rho}\,\mathrm{grad}\,p\right) = -\tfrac{1}{\rho^2}\,\mathrm{grad}\,\rho \times \mathrm{grad}\,p$$

を導け.

【解答】

$$\begin{aligned}
\left[\mathrm{rot}\left(\tfrac{1}{\rho}\,\mathrm{grad}\,p\right)\right]_i &= \varepsilon_{ijk}\,\tfrac{\partial}{\partial x_j}\left(\tfrac{1}{\rho}\,\tfrac{\partial p}{\partial x_k}\right) \\
&= \tfrac{\partial p}{\partial x_k}\,\varepsilon_{ijk}\,\tfrac{\partial}{\partial x_j}\left(\tfrac{1}{\rho}\right) + \tfrac{1}{\rho}\,\varepsilon_{ijk}\,\tfrac{\partial}{\partial x_j}\,\tfrac{\partial p}{\partial x_k} \quad (\mathrm{A}.20) \\
&\quad (\text{第 2 項は } j \text{ と } k \text{ の入れ替えによりゼロになる}) \\
&= -\tfrac{1}{\rho^2}\,\varepsilon_{ijk}\,\tfrac{\partial \rho}{\partial x_j}\,\tfrac{\partial p}{\partial x_k}
\end{aligned}$$

A.4 複素関数

(a) 正則関数

微分可能な複素関数を**正則関数**という.また,高階微分可能でテイラー級数に展開可能な関数を特に**解析関数**と呼ぶが,複素関数では正則関数は高階微分可能でテイラー級数展開可能であるので,解析関数でもある.実関数の場合は,1 階微分が可能でも必ずしも高階微分が可能とは限らないので,注意が必要である.また,複素平面上の領域 D で定義された関数 $f(z)$ が D の各点で部分可能ならば,この関数は D で**正則**であるという.

一方,$f(z)$ が点 z_0 において微分可能ではないとき,この点 z_0 を $f(z)$ の**特異点**と呼ぶ.

(b) コーシーの積分定理

複素関数 $f(z)$ が,閉曲線 C で囲まれる領域 D で正則であり,C 上で連続であるとき,

$$\oint_C f(z)\,dz = 0 \quad (\mathrm{A}.21)$$

が成り立つ.これを**コーシーの積分定理**と呼ぶ.

■ 例題 A.5

次の周回積分について,コーシーの積分定理が成り立つことを確かめよ. ただし, 閉曲線 C は図 A.2 に示すように, 点 $z=0$, $z=1$, $z=1+i$, $z=i$ を頂点とする正方形を正の方向に 1 周する閉曲線とする.

(1) $\oint_C dz$ (2) $\oint_C z\,dz$ (3) $\oint_C e^z\,dz$

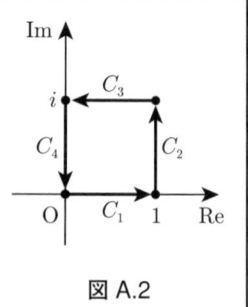

図 A.2

【解答】 与えられた関数 1, z, e^z は C が囲む領域と C 上で正則である. 閉曲線 C は

C_1: $z(t) = t$ $(0 \leq t < 1)$

C_2: $z(t) = 1 + (t-1)i$ $(1 \leq t < 2)$

C_3: $z(t) = 1 + i - (t-2)$ $(2 \leq t < 3)$

C_4: $z(t) = i - (t-3)i$ $(3 \leq t < 4)$

である.

(1) $$\oint_C dz = \int_0^1 dt + \int_1^2 i\,dt - \int_2^3 dt - \int_3^4 i\,dt = 0$$

(2)
$$\oint_C z\,dz = \int_0^1 t\,dt + \int_1^2 \{1+(t-1)i\}\,i\,dt \\ - \int_2^3 \{1+i-(t-2)\}\,dt - \int_3^4 \{i-(t-3)i\}\,i\,dt = 0 \tag{A.22}$$

(3)
$$\oint_C z\,dz = \int_0^1 e^t\,dt + \int_1^2 e^{1+(t-1)i}\,i\,dt \\ - \int_2^3 e^{1+i-(t-2)}\,dt - \int_3^4 e^{i-(t-3)i}\,i\,dt = 0 \tag{A.23}$$

よって, コーシーの積分定理が成り立つことが確かめられた. ■

また, コーシーの積分定理は積分経路の選び方によらないので, 積分が最も簡単に実行できる積分経路を選んで, 周回積分を実行すればよい.

(c) 留数定理

$f(z)$ が領域 D で z_0 において特異点を持つ場合を考える. ここで $f(z)$ として,

$$f(z) = \frac{\alpha_{-m}}{(z-z_0)^m} + \frac{\alpha_{-m+1}}{(z-z_0)^{m-1}} + \cdots + \frac{\alpha_{-1}}{(z-z_0)} + h(z) \quad (\alpha_{-m} \neq 0,\ m \geq 1) \tag{A.24}$$

を考える. $f(z)$ の周回積分の値は

A.4 複素関数

$$\oint_C f(z)\,dz = 2\pi i \alpha_{-1} = 2\pi i \operatorname{Res} f(z_0) \tag{A.25}$$

となる．これを**留数定理**と呼び，$(z-z_0)^{-1}$ の係数 α_{-1} を**留数**と呼ぶ．点 z_0 における留数は，$\operatorname{Res} f(z_0)$ とも表現される．

■ 例題 A.6

次の周回積分を確かめよ．ただし，閉曲線 C は $z = z_0 + ae^{i\theta}$ $(0 \le \theta < 2\pi)$ とする．

$$\oint_C (z-z_0)^n \, dz = 0 \quad (n \ne -1)$$
$$= 2\pi i \quad (n = -1) \tag{A.26}$$

【解答】 C は点 z_0 を中心とする半径 a の円周なので，円周上では $|z-z_0| = a$ が成り立つ．また，$dz = iae^{i\theta}\,d\theta$ である．$n \ne -1$ の場合，

$$\oint_C (z-z_0)^n \, dz = ia^{n+1} \int_0^{2\pi} e^{i(n+1)\theta}\,d\theta = 0$$

また，$n = -1$ の場合，

$$\oint_C \frac{1}{z-z_0}\,dz = i \int_0^{2\pi} d\theta = 2\pi i$$

となる．よって上記の周回積分が確かめられた． ∎

■ 例題 A.7

留数定理を導出せよ．

【解答】 多項式 (A.24) で表される $f(z)$ において，閉曲線 C を $z = z_0 + ae^{i\theta}$ $(0 \le \theta < 2\pi)$ とする．$h(z)$ の部分はコーシーの積分定理より周回積分はゼロとなる．また，式 (A.26) より，$n \ne -1$ の部分も周回積分はゼロとなる．よって，式 (A.26) より，$n = -1$ の場合のみ周回積分は値を持ち，

$$\oint_C \frac{\alpha_{-1}}{z-z_0}\,dz = i\alpha_{-1} \int_0^{2\pi} d\theta = 2\pi i \alpha_{-1}$$

となる．よって留数定理が確かめられた． ∎

問題略解

第1章

省略

第2章

1 2次元の非圧縮性流れに対する連続方程式は
$$\frac{\partial u}{\partial x} + \frac{\partial v}{\partial y} = 0$$
となり，
$$v = -\int \frac{\partial u}{\partial x}\, dy + f(x) \quad (f(x) \text{ は } x \text{ のみの未知関数})$$
と書ける．よって
$$v = -\int A(2x+y)\, dy + f(x) = -A\left(2xy + \tfrac{1}{2}y^2\right) + f(x)$$
と求まる．$y=0$ において $v=Ax$ より
$$f(x) = Ax$$
と決まるので，結局 v は
$$v = A\left(x - 2xy - \tfrac{1}{2}y^2\right)$$
と求まる．

2 流れ方向に x 軸，流れに垂直上方に y 軸をとる（図 B.1）．圧力は大気圧に等しいと考えられるので，運動量流束としては流れに伴って出入りする運動量のみを考えればよい．翼と同じ速度で動く座標系で見た場合，翼の支持部に働く力の x 方向成分 R_x に負号をつけたものと x 方向の運動量流束の和はゼロに等しく，
$$\rho(V-U)^2 A - \rho(V-U)^2 \cos\theta A - R_x = 0$$

となる．ゆえに翼の支持部に働く力の x 方向成分は
$$R_x = \rho(V-U)^2(1-\cos\theta)A$$
同様に，翼の支持部に働く力の y 方向成分 R_y に負号をつけたものと y 方向の運動量流束の和はゼロに等しく，
$$0 - \rho(V-U)^2 \sin\theta A - R_y = 0$$
となる．よって，翼の支持部に働く力の y 方向成分 R_y は
$$R_y = -\rho(V-U)^2 \sin\theta A$$
となる．

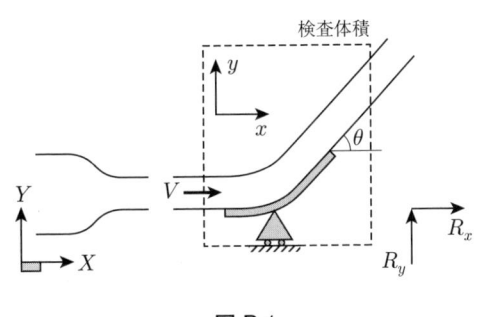

図 B.1

3 図 B.2 のように原点を O にとり，平板に沿って上方に x 軸，それに直交して噴流の方向に y 軸をとる．以下，単位幅の噴流を対象とする．圧力は大気圧に等しいと考えられるので，ベルヌーイの定理から
$$v = v_1 = v_2$$
となる．噴流および平板に沿った流れを含むように検査体積を設定すると，質量保存の法則から
$$\rho v b = \rho v b_1 + \rho v b_2$$
よって
$$b = b_1 + b_2 \tag{B.1}$$
となる．また，検査体積の表面で圧力は大気圧に等しいと考えられるので，運動量流束としては流れに伴って出入りする運動量のみを考えればよい．非粘性流れなので x 方向の運動量流束の和はゼロとなることから

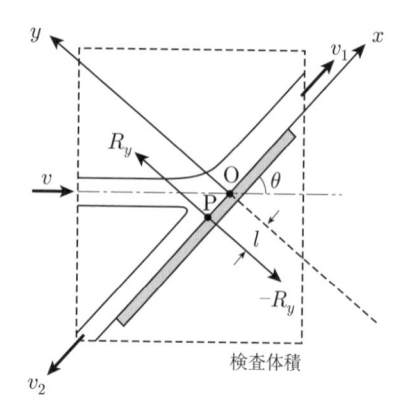

図 B.2

$$(\rho v b)v\cos\theta - (\rho v b_1)v + (\rho v b_2)v = 0$$

ゆえに
$$b\cos\theta - b_1 + b_2 = 0$$

式 (B.1) を代入すると
$$b\cos\theta - b_1 + b - b_1 = 0$$

したがって
$$\frac{b_1}{b} = \frac{1+\cos\theta}{2}$$

$$\frac{Q_1}{Q} = \frac{b_1 v_1}{bv} = \frac{b_1}{b}$$
$$= \frac{1+\cos\theta}{2}$$

$$\frac{Q_2}{Q} = \frac{b_2 v_2}{bv} = \frac{b_2}{b}$$
$$= \frac{b-b_1}{b} = 1 - \frac{1+\cos\theta}{2}$$
$$= \frac{1-\cos\theta}{2}$$

噴流が平板に及ぼす力を $F_y = -R_y$ とすると,平板は流体に R_y の力を及ぼす. y 方向の運動量の保存から

$$-(\rho v b)v\sin\theta + R_y = 0$$

ゆえに

$$F_y = -R_y = -(\rho v b)v\sin\theta \tag{B.2}$$

また,力の作用点を P とし,OP の長さを l とすると,角運動量の保存から,O 点周りの水流の運動量による推力のモーメントが R_y のモーメントに等しくなり,

$$R_y l - (\rho v b_1) v \left(\frac{b_1}{2}\right) + (\rho v b_2) v \left(\frac{b_2}{2}\right) = 0$$

$$\begin{aligned}
l &= \frac{(\rho v b_1)v(b_1/2) - (\rho v b_2)v(b_2/2)}{(\rho v b)v \sin\theta} \\
&= \frac{b_1^2 - b_2^2}{2b\sin\theta} = \frac{b_1^2 - (b-b_1)^2}{2b\sin\theta} \\
&= \frac{b(2b_1 - b)}{2b\sin\theta} = \frac{b}{2\sin\theta}\frac{(2b_1 - b)}{b} \\
&= \frac{b}{2}\cot\theta
\end{aligned}$$

となる.

4 図 B.3 のように検査体積をとる.境界 AB,A′B′ を円柱から十分に離れてとると,そこでの流れ方向の流速は U_∞ に等しいと見なすことができる.境界 AA′ からの流入流量は

$$\int_{-h}^{h} U_\infty \, dy$$

となり,境界 BB′ からの流出流量は

$$\int_{-h}^{h} u \, dy$$

となる.その差

$$\int_{-h}^{h} (U_\infty - u) \, dy$$

が境界 AB,A′B′ からの流出流量となる.

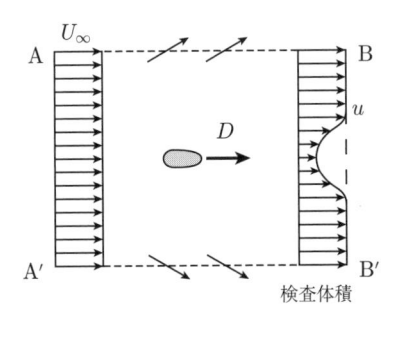

図 B.3

境界 AA′ からの流入流量に伴う流入運動量は

$$\rho \int_{-h}^{h} U_\infty^2 \, dy$$

境界 BB′ からの流出流量に伴う流入運動量は

$$\rho \int_{-h}^{h} u^2 \, dy$$

となり，境界 AB，A′B′ から流出流量に伴う流出運動量は

$$\rho \int_{-h}^{h} U_\infty (U_\infty - u) \, dy$$

となる．流入運動量と円柱を支持するための x 方向の力 $-D$ の和がゼロとなることから

$$\rho \int_{-h}^{h} U_\infty^2 \, dy - \rho \int_{-h}^{h} u^2 \, dy - \rho \int_{-h}^{h} U_\infty (U_\infty - u) \, dy - D = 0$$

となる．したがって，抗力 D は

$$\begin{aligned} D &= \rho \int_{-h}^{h} U_\infty^2 \, dy - \rho \int_{-h}^{h} u^2 \, dy - \rho \int_{-h}^{h} U_\infty (U_\infty - u) \, dy \\ &= \rho \int_{-h}^{h} u(U_\infty - u) \, dy \end{aligned} \quad \text{(B.3)}$$

となる．

5 曲がりの手前での流入運動量流束は

$$x \,方向：0$$
$$y \,方向：p_1 + \rho v_1^2$$

となり，曲がりの後ろでの流出運動量流束は

$$x \,方向：p_2 + \rho v_2^2$$
$$y \,方向：0$$

となる．また，管径は一定であるから $v_1 = v_2 = v$ であり，エネルギー損失を無視できる場合には，$p_1 = p_2 = p$ となる．したがって，管が流体から受ける力は，

$$x \,方向：-F_x = -\tfrac{\pi d^2}{4}\left(p + \rho v^2\right)$$
$$y \,方向：-F_y = \tfrac{\pi d^2}{4}\left(p + \rho v^2\right)$$

となる．逆に流体が管から受ける力は，

$$x \,方向：F_x = \tfrac{\pi d^2}{4}\left(p + \rho v^2\right)$$
$$y \,方向：F_y = -\tfrac{\pi d^2}{4}\left(p + \rho v^2\right)$$

となる．

第3章

1 (1) 流線の定義より

$$\frac{dx}{u} = \frac{dy}{v}, \quad \frac{dy}{dx} = \frac{v}{u} = \frac{-Ay}{Ax} = \frac{-y}{x}, \quad \frac{dy}{y} = -\frac{dx}{x}$$

$$\ln y = -\ln x + c_1, \quad \ln xy = c_1, \quad xy = c$$

(2) $xy = 2 \times 8 = 16 \text{ [m}^2\text{]}$

(3) $\boldsymbol{v} = A(x\boldsymbol{i} - y\boldsymbol{j}) = 0.3(2\boldsymbol{i} - 8\boldsymbol{j}) = 0.6\boldsymbol{i} - 2.4\boldsymbol{j} \text{ [m/s]}$

(4) 速度場が $\boldsymbol{v} = Ax\boldsymbol{i} - Ay\boldsymbol{j}$ で与えられることから

$$u = \frac{dx}{dt} = Ax, \quad \frac{dx}{x} = A\,dt, \quad \ln x = At + c_1$$

$t = 0$ で $x = x_0$ にあるとすると，$c_1 = \ln x_0$，ゆえに $\ln \frac{x}{x_0} = At$ となる．
同様にして $\ln \frac{y}{y_0} = -At$ となる．
したがって

$$x = x_0 \exp(At), \quad y = y_0 \exp(-At)$$

6秒後の位置は

$$x = 2\exp(0.3 \times 6) = 12.1 \text{ [m]}, \quad y = 8\exp(-0.3 \times 6) = 1.32 \text{ [m]}$$

この位置における速度は

$$\boldsymbol{v} = A(x\boldsymbol{i} - y\boldsymbol{j}) = 0.3(12.1\boldsymbol{i} - 1.32\boldsymbol{j}) = 3.63\boldsymbol{i} - 0.396\boldsymbol{j} \text{ [m/s]}$$

(5) $x = x_0 \exp(At)$，$y = y_0 \exp(-At)$ から時間を消去するために x と y の積を求めると $xy = x_0 y_0 = 16 \text{ [m}^2\text{]}$ となり流線の方程式に等しくなる．

2

$$\Omega_z = \frac{1}{2}\left(\frac{\partial v}{\partial x} - \frac{\partial u}{\partial y}\right) = -\frac{U}{2h}, \quad \gamma_{xy} = \frac{\partial v}{\partial x} + \frac{\partial u}{\partial y} = \frac{U}{h}$$

$$\varepsilon_x = \frac{\partial u}{\partial x} = 0, \quad \varepsilon_y = \frac{\partial v}{\partial y} = 0$$

となり連続方程式を満たす．

3

$$\Omega_z = \frac{1}{2}\left(\frac{\partial v}{\partial x} - \frac{\partial u}{\partial y}\right) = \frac{1}{2}\left(\frac{A}{r_0} + \frac{A}{r_0}\right) = \frac{A}{r_0}$$

$$\gamma_{xy} = \frac{\partial v}{\partial x} + \frac{\partial u}{\partial y} = \frac{A}{r_0} - \frac{A}{r_0} = 0, \quad \omega_z = 2\Omega_z = \frac{2A}{r_0}$$

となる．

また位置ベクトル $r = xi + yj$ と速度ベクトル v の内積をとるとゼロとなることからこの流れ場は原点を中心とする円運動で，剛体的に回転していることが分かる．

4 閉曲線 C を紙面手前から見て時計回りに循環をとると

$$\Gamma(C) = \oint_C v \cdot dr = (v_2 - v_1)\,ds$$

と表される．この循環はゼロでないことから，閉曲線 C を貫く渦糸が存在する．閉曲線 C の短い辺を無限小にすると，面 S 上に時計回りで線密度 $v_2 - v_1$ の渦糸が渦層として分布していると考えられる．

第4章

1 流線曲率の定理より，スプーンに沿って水が曲がって流れると流れる水のスプーン側の圧力が低下するので，スプーンは水に吸いつけられる．

2 回転を始めてから十分時間が経てば，粘性の作用により流体は円筒とともに剛体回転を行う．したがって円筒の軸を z 軸にとれば，

$$u = -y\Omega, \quad v = x\Omega, \quad w = 0$$

となる．連続の式は

$$\frac{\partial u}{\partial x} + \frac{\partial v}{\partial y} + \frac{\partial w}{\partial z} = 0$$

となり，自動的に満たされている．剛体回転の場合，せん断変形は存在しないからせん断応力は作用せず，オイラーの運動方程式 (2.31) が適用できる．したがって，

$$x\Omega^2 = \frac{1}{\rho}\frac{\partial p}{\partial x}, \quad y\Omega^2 = \frac{1}{\rho}\frac{\partial p}{\partial y}, \quad 0 = \frac{1}{\rho}\frac{\partial p}{\partial z} + g$$

これらの方程式の一般解は

$$\frac{p}{\rho} = \frac{1}{2}\Omega^2\left(x^2 + y^2\right) - gz + C \quad (C: \text{積分定数})$$

となる．自由表面では $p = $ 一定であるから，$C = 0$ として一番低い表面を原点にとれば，

$$z = \Omega^2 \frac{x^2 + y^2}{2g}$$

となり，表面は回転放物面となる．

3 断面①，②間のベルヌーイの定理と連続の式は

$$\frac{1}{2}v_1^2 + \frac{p_1}{\rho} = \frac{1}{2}v_2^2 + \frac{p_2}{\rho}, \quad v_1 A_1 = v_2 A_2$$

となる．これから，
$$p_2 - p_1 = \tfrac{1}{2}\rho v_1^2 \left\{1 - \left(\tfrac{A_1}{A_2}\right)^2\right\}$$
となる．したがって流速は
$$v_1 = \tfrac{1}{\sqrt{n^2-1}}\sqrt{\tfrac{2}{\rho}(p_1 - p_2)}$$
となる．ここで，$n = A_1/A_2$ は断面積比である．この式から断面を絞れば絞るほど2点間の圧力差が拡大することが分かる．

4 管内の圧力 p は管の側壁に立てた細い管内の水柱の高さ h により，$p = \rho g h$ と測られる．ベルヌーイの定理を適用し，流量の連続の関係 $Q = vA = $ 一定 なる関係を適用すれば，各断面における水柱の高さの差は，
$$h_a - h_b = \tfrac{Q^2}{2g}\left(\tfrac{1}{A_b^2} - \tfrac{1}{A_a^2}\right) > 0 \quad (A_a > A_b)$$
$$h_a - h_c = \tfrac{Q^2}{2g}\left(\tfrac{1}{A_c^2} - \tfrac{1}{A_a^2}\right) = 0 \quad (A_a = A_c)$$
となる．管のくびれた部分の水柱の高さは低くなり，その部分における流速が十分速い場合には，大気圧以下になることもある．

5 底面から鉛直上方に z 軸をとる．位置 z における圧力はゲージ圧で $\rho g(h - z)$ であり，この圧力は水門に直交する方向に働く．水圧により水門に働く力のモーメントは
$$\int_0^h b\rho g(h-z)\tfrac{z}{\sin\theta}\tfrac{dz}{\sin\theta} = \tfrac{b\rho g}{6}\tfrac{h^3}{\sin^2\theta} = \tfrac{b\rho g}{6}L^3\sin\theta$$
ここで，$h = L\sin\theta$ を用いた．これが A 点に作用する力のモーメントに等しいことから
$$\tfrac{b\rho g}{6}L^3\sin\theta = LP$$
よって
$$P = \tfrac{b\rho g}{6}L^2\sin\theta$$

第5章

1 $U > 0$ および $m > 0$ として，一様流とわき出しの速度ポテンシャルの重ね合わせより
$$\Phi = Ux - \tfrac{m}{r} \tag{B.4}$$

となる.

速度は，$\boldsymbol{v} = \mathrm{grad}\, \Phi$ より

$$\boldsymbol{v} = U(1,0,0) + \frac{m}{r^2}\left(\frac{x}{r}, \frac{y}{r}, \frac{z}{r}\right) \tag{B.5}$$

となる．$r \to \infty$ の十分遠方では上式第 2 項のわき出しの影響は無視でき，一様流とみなすことができる．図 B.4 のように x 軸上において，速度の大きさ $q = 0$ となる点 x_1 が存在し，その x 座標は上式より，

$$x_1 = -\sqrt{\frac{m}{U}} \tag{B.6}$$

であり，ここはよどみ点となる．このよどみ点から出る流線を x 軸の周りに回転させて得られる軸対称な曲面 S は，一様流と原点からのわき出しの流れを分ける境界面となっている．流れの十分下流では，この境界面は円筒になると考えられるので，その円筒の半径を R とするとわき出しからの流量 $4\pi m$ がこの円筒内の流量と等しいことより，

$$4\pi m = \pi R^2 U \tag{B.7}$$

よって，この円筒の半径 R は

$$R = 2\sqrt{\frac{m}{U}} \tag{B.8}$$

となる．

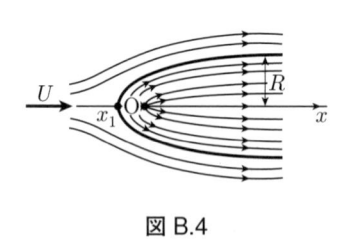

図 B.4

よって，この境界面とその内部を物体で置き換えるとすると，この流れは，丸めた先頭を持つ柱状半無限物体を一様流中においた場合の流れ場を表している．

2 速度ポテンシャルは，一様流とわき出し吸い込みの重ね合わせから，

$$\Phi = Ux - \frac{m}{r} + \frac{m}{r_1} \tag{B.9}$$

となる．図 5.16 から，明らかなように，この流れ場は OO′ の中点を通り x 軸に垂直な平面に関して対称となる．また，A, B の 2 点がよどみ点となる．A, B を通る流線群によって形成される閉曲面は，**ランキンの卵形**と呼ばれる．本流れ場は，一様流

中にランキンの卵形がおかれた場合の流れに相当する．OO' の距離が無限大になると半無限物体周りの流れとなり，OO' の距離がゼロの極限では，球周りの流れとなる．

3 循環はある半径位置 r での速度の周回積分より，

$$\Gamma = \oint_C q\,ds = 2\pi r q \tag{B.10}$$

となる．速度の大きさ q は，

$$q = \tfrac{\Gamma}{2\pi r} \tag{B.11}$$

となり，半径 r に反比例する．図 5.17 より速度はそれぞれ

$$u = -q\sin\theta = -\tfrac{\Gamma}{2\pi r}\sin\theta, \quad v = q\cos\theta = \tfrac{\Gamma}{2\pi r}\cos\theta \tag{B.12}$$

と書ける．

また，$\tan\theta = y/x$ の両辺を x および y で微分して，

$$\tfrac{\partial \tan\theta}{\partial \theta}\tfrac{\partial \theta}{\partial x} = -\tfrac{y}{x^2}, \quad \tfrac{\partial \tan\theta}{\partial \theta}\tfrac{\partial \theta}{\partial y} = \tfrac{1}{x} \tag{B.13}$$

$\partial \tan\theta/\partial \theta = 1/\cos^2\theta$ および $r = \sqrt{x^2 + y^2}$，より

$$\begin{aligned}\tfrac{\partial \theta}{\partial x} &= -\tfrac{y}{x^2}\cos^2\theta = -\tfrac{y}{r^2} = -\tfrac{1}{r}\sin\theta \\ \tfrac{\partial \theta}{\partial y} &= \tfrac{1}{x}\cos^2\theta = \tfrac{x}{r^2} = \tfrac{1}{r}\cos\theta\end{aligned} \tag{B.14}$$

の関係より，速度はそれぞれ

$$u = \tfrac{\Gamma}{2\pi}\tfrac{\partial \theta}{\partial x}, \quad v = \tfrac{\Gamma}{2\pi}\tfrac{\partial \theta}{\partial y} \tag{B.15}$$

と書けるので，

$$\boldsymbol{v} = \mathrm{grad}\,\Phi \tag{B.16}$$

から，渦糸の速度ポテンシャルは

$$\Phi = \tfrac{\Gamma}{2\pi}\theta \tag{B.17}$$

となる．

第6章

1 連続方程式より

$$\tfrac{\partial u}{\partial x} + \tfrac{\partial v}{\partial y} = U - U = 0$$

となり，流れ場は存在する．また，渦度は，

$$\tfrac{\partial v}{\partial x} - \tfrac{\partial u}{\partial y} = 0 - 0 = 0$$

となり，渦なし流れ，すなわち2次元ポテンシャル流であるので，速度ポテンシャル Φ が存在する．

複素速度は
$$w = u - iv = U(x+iy) = Uz, \quad z = x+iy$$
と書け，複素速度ポテンシャルは
$$W = \int \frac{dW}{dz} dz = \int w \, dz = \tfrac{1}{2} U z^2 = \tfrac{1}{2} U \left(x^2 - y^2 + 2ixy\right)$$
となる（ただし，積分定数は無視した）．複素速度ポテンシャルは Φ, Ψ を用いて
$$W = \Phi + i\Psi$$
と書けるので，
$$\Phi = \tfrac{1}{2} U \left(x^2 - y^2\right), \quad \Psi = Uxy$$
となり，流れ関数から流れ場はよどみ点流れを示す．

2 複素速度は $w = dW/dz$ より $z = re^{i\theta}$ として
$$w = Aaz^{a-1} = Aar^{a-1} e^{i(a-1)\theta} \tag{B.18}$$
よって，速度の大きさ q は
$$q = |w| = Aar^{a-1} \tag{B.19}$$
となり，原点からの距離に依存する．原点に近づく場合，a と q の関係は，

$$a > 1 \text{ の場合} \quad q \to 0$$
$$a = 1 \text{ の場合} \quad q = A$$
$$a < 1 \text{ の場合} \quad q \to \infty$$

という関係になる．$a<1$ の場合は鈍角の角の外側を回りこむ流れ場になるが，その際，原点は特異点となり，実際は剥離渦（剥離バブル）ができて無限大の速度とはならない．

3 複素速度ポテンシャルは $z = re^{i\theta}$ を用いて
$$W = Uz + m\log z = Ur\cos\theta + m\log r + i\left(Ur\sin\theta + m\theta\right) \tag{B.20}$$
よどみ点は $|w| = |dW/dz| = U + m/z = 0$ より，$(-m/U, 0)$ となる．また，わき出しから出る流量 Q は
$$u_r = \frac{\partial m \log r}{\partial r} = \frac{m}{r} \tag{B.21}$$

より，
$$Q = \oint u_r \, ds = 2\pi m \tag{B.22}$$
となる．このわき出しから出る全流量が半無限物体の境界内を流れ，無限遠ではその流速は一様流の速度 U と等しくなることから，流量の保存は半無限物体の幅 R を用いて
$$Q = 2\pi m = 2UR \tag{B.23}$$
よって，
$$R = \frac{\pi m}{U} \tag{B.24}$$
となり，原点からよどみ点までの距離の π 倍の幅となる．

4 棒の周りの循環は式 (3.23) より
$$\varGamma = \oint q \, ds = 2\pi r q = 1.26 \times 10^{-2} \ [\text{m}^2/\text{s}]$$
と求まる．棒に作用する奥行き単位長さあたりの揚力は
$$\rho U \varGamma = 4.91 \times 10^{-2} \ [\text{N/m}]$$
となる．

5 円柱中心の複素座標を $z_0(t)$，円柱の複素速度を $Ue^{-i\alpha}$ とすると
$$\frac{dz_0}{dt} = Ue^{i\alpha} \tag{B.25}$$
となる．ただし，U, α は時間の関数である．円柱の中心が原点の座標系において，複素速度ポテンシャルは式 (6.56) で与えられるから，z を $z-z_0$ で置き換え，式 (B.25) を代入すると
$$W = -\frac{a^2}{z-z_0}\frac{dz_0}{dt} - \frac{i\varGamma}{2\pi}\log(z-z_0) \tag{B.26}$$
となる．上式を t で偏微分すると
$$\frac{\partial W}{\partial t} = -\frac{a^2}{z-z_0}\frac{d^2 z_0}{dt^2} - \frac{a^2}{(z-z_0)^2}\left(\frac{dz_0}{dt}\right)^2 + \frac{i\varGamma}{2\pi}\frac{1}{z-z_0}\frac{dz_0}{dt}$$
となる．また，式 (B.25) より
$$\frac{d^2 z_0}{dt^2} = \left(\frac{dU}{dt} + iU\frac{d\alpha}{dt}\right)e^{i\alpha} \tag{B.27}$$
となる．

円柱表面上では，$z - z_0 = ae^{i\theta}$ であるので，
$$\frac{\partial W}{\partial t} = \left\{-a\left(\frac{dU}{dt} + iU\frac{d\alpha}{dt}\right) + \frac{i\varGamma U}{2\pi a}\right\}e^{i(\alpha-\theta)} - U^2 e^{2i(\alpha-\theta)}$$

となる．また，円柱表面上では，$dz^* = -iae^{-i\theta}\,d\theta$ であるので，物体に働く力を表す式 (6.70) の右辺第 1 項の積分は

$$\begin{aligned}
i\rho \oint_{C_0} \mathrm{Re}\left(\frac{\partial W}{\partial t}\right) dz^* &= \frac{i\rho}{2} \oint_{C_0} \left(\frac{\partial W}{\partial t} + \frac{\partial W^*}{\partial t}\right) dz^* \\
&= \frac{\rho a}{2} \int_0^{2\pi} \Big[\Big\{-a\Big(\frac{dU}{dt}+iU\frac{d\alpha}{dt}\Big) + \frac{i\Gamma U}{2\pi a}\Big\} e^{i(\alpha-\theta)} \\
&\quad - U^2 e^{2i(\alpha-\theta)} + \Big\{-a\Big(\frac{dU}{dt}-iU\frac{d\alpha}{dt}\Big) - \frac{i\Gamma U}{2\pi a}\Big\} e^{-i(\alpha-\theta)} \\
&\quad - U^2 e^{-2i(\alpha-\theta)} \Big] e^{-i\theta}\,d\theta
\end{aligned} \quad (B.28)$$

となる．ここで，ゼロでない整数 n に対して $\int_0^{2\pi} e^{in\theta}\,d\theta = 0$ となることから，式 (B.28) の大括弧内の第 3 項以外はゼロとなり

$$\begin{aligned}
i\rho \oint_{C_0} \mathrm{Re}\left(\frac{\partial W}{\partial t}\right) dz^* &= -\rho\pi a^2 \left(\frac{dU}{dt} - iU\frac{d\alpha}{dt}\right) e^{-i\alpha} \\
-\frac{i\rho\Gamma U}{2} e^{-i\alpha} &= -\rho\pi a^2 \frac{d^2 z^*}{dt^2} - \frac{i\rho\Gamma}{2}\frac{dz_0^*}{dt}
\end{aligned} \quad (B.29)$$

となる．

式 (B.26) より

$$\frac{dW}{dz} = \frac{a^2}{(z-z_0)^2}\frac{dz_0}{dt} - \frac{i\Gamma}{2\pi}\frac{1}{z-z_0}$$

となるが，円柱表面上では式 (B.25) を用いて

$$\frac{dW}{dz} = U e^{i(\alpha-2\theta)} - \frac{i\Gamma}{2\pi a} e^{-i\theta}$$

と表すことができる．従って式 (6.70) の右辺第 2 項の積分は

$$\begin{aligned}
\frac{i\rho}{2} \oint_{C_0} \Big|\frac{dW}{dz}\Big|^2 dz^* &= \frac{\rho a}{2} \int_0^{2\pi} \Big| U e^{i(\alpha-2\theta)} - \frac{i\Gamma}{2\pi a} e^{-i\theta} \Big|^2 e^{-i\theta}\,d\theta \\
&= \frac{\rho a}{2} \int_0^{2\pi} \Big\{ U^2 + \Big(\frac{\Gamma}{2\pi a}\Big)^2 + \frac{i\Gamma U}{2\pi a}\Big(e^{i(\alpha-\theta)} - e^{-i(\alpha-\theta)} \Big) \Big\} e^{-i\theta}\,d\theta
\end{aligned}$$

となるが，第 1 項と同様にして

$$\frac{i\rho}{2} \oint_{C_0} \Big|\frac{dW}{dz}\Big|^2 dz^* = -\frac{i\rho\Gamma U}{2} e^{-i\alpha} = -\frac{i\rho\Gamma}{2}\frac{dz_0^*}{dt} \quad (B.30)$$

となる．

式 (6.70) の右辺第 3 項は

$$i\rho \oint_{C_0} \Lambda\, dz^* = \rho a \int_0^{2\pi} [\Lambda]\, e^{-i\theta}\,d\theta \quad (B.31)$$

となる．ただし，$[\Lambda]$ は $z = z_0 + ae^{i\theta}$ における Λ の値である．

上記の式 (B.29)，(B.30)，(B.31) から，式 (6.70) は

$$F_x - iF_y = -\rho\pi a^2 \frac{d^2 z_0^*}{dt^2} - i\rho\Gamma \frac{dz_0^*}{dt} + \rho a \int_0^{2\pi} [\Lambda]\, e^{-i\theta}\,d\theta$$

となる．上式の共役複素数をとると，流体が円柱に及ぼす力の複素表示は

$$F = F_x + iF_y = -\rho\pi a^2 \frac{d^2 z_0}{dt^2} + i\rho\Gamma \frac{dz_0}{dt} + \rho a \int_0^{2\pi} [\Lambda] e^{i\theta} \, d\theta \quad (B.32)$$

となる．

円柱単位長さあたりの質量を M，それに働く外力 $\boldsymbol{G} = (G_x, G_y)$ の複素表示を $G = G_x + iG_y$ とすると，複素表示での円柱の運動方程式は

$$M \frac{d^2 z_0}{dt^2} = G + F$$

となる．これに (B.32) を代入すると

$$(M + m)\frac{d^2 z_0}{dt^2} = G + i\rho\Gamma \frac{dz_0}{dt} + \rho a \int_0^{2\pi} [\Lambda] e^{i\theta} \, d\theta \quad (m = \rho\pi a^2) \quad (B.33)$$

となる．m は円柱の運動に対する流体の反作用として現れる誘導質量である．右辺第2項はクッタ-ジューコフスキーの定理を表しており，円柱の進行方向に対して垂直に，大きさ $\rho\Gamma U$ の揚力が働くことを示している．また，右辺第3項は浮力項である．

外力が重力である場合，鉛直上向きに y 軸をとると

$$\Lambda = gy, \quad G = -iMg$$

となる．このとき，

$$\rho a \int_0^{2\pi} [\Lambda] e^{i\theta} \, d\theta = \rho a g \int_0^{2\pi} \text{Im}\left(ae^{i\theta}\right) e^{i\theta} \, d\theta = i\rho g\pi a^2 = img$$

となり，式 (B.33) は

$$(M + m)\frac{d^2 z_0}{dt^2} = -i(M - m)g + i\rho\Gamma \frac{dz_0}{dt}$$

となる．

参考文献

　通常，参考文献には書物を著すにあたって参考にした文献を挙げることが多いが，ここでは，流体力学を学ぶ上で必要となる文献について短評を添えて記す．

（Ⅰ）数学的準備
（Ⅰ-1）『定本 解析概論』，高木貞治，岩波書店，2010
　「自然という書物は数学の言葉で書かれている」と言われるように，流体力学を学ぶには数学，特に微分積分学の素養が必要である．微分積分学の基本的な教科書として高木貞治の解析概論を挙げることができる．大学初年度程度の数学的素養があれば，無理なく読み進めることができるであろう．比較的平易な表現により，微分積分学に関する知識を過不足なく学ぶことができる．
（Ⅰ-2）『岩波 数学公式Ⅰ，Ⅱ，Ⅲ』，森口繁一，宇田川銈久，一松信，岩波書店，1987
　流体力学には多くの数学公式が用いられているが，様々な数学公式をまとめたものが本書である．Ⅰには微分積分，平面曲線，Ⅱには級数，フーリエ解析，Ⅲには特殊関数がまとめられており，便覧的に使用するのに便利である．
（Ⅰ-3）『岩波 数学辞典』，日本数学会編集，岩波書店，2007
　数学に関する不明な点を明らかにすることができる．工学を志す者にとっては，付録の公式，数表がコンパクトにまとまっていて使いやすい．
（Ⅰ-4）『複素関数（理工系の数学入門コース5）』，表実，岩波書店，1988
　複素関数の初歩から応用までが分かりやすく丁寧に書かれている．

（Ⅱ）力学的準備
（Ⅱ-1）『古典物理の数理』，今井功，岩波書店，2003
　流体，固体などの連続体が同じ質量保存式，運動量保存式，エネルギー保存式に従うことを示すとともに，流体と固体の違いが構成方程式にあることを示している．また，力を運動量の注入と定義することの重要性を指摘している．

（Ⅲ）流体力学一般
（Ⅲ-1）『流体力学（前編）』，今井功，裳華房，1973

流体力学に関する優れた教科書．流体力学を専門に学ぶ際の必読書．後編が発行されなかったことが惜しまれる．

(**Ⅲ–2**)『流体力学』，巽友正，培風館，1995

流体力学に関する幅広い内容の教科書．完全流体，圧縮性流体，粘性流体から乱流までを含む．

(**Ⅲ–3**)『流体力学』，日野幹雄，朝倉書店，1992

流体力学に関する幅広い内容の教科書．乱流，乱流拡散に関する記述が詳しい．水理学に関する内容も含まれている．

(**Ⅲ–4**)『流体力学』，吉澤徴，東京大学出版会，2001

非粘性，粘性，乱流と網羅された内容であり，特に乱流の統計理論や乱流モデリングについて初学者にも分かりやすく書かれた本である．テンソル解析を利用した様々な式変形は，手順や導出が独学でも学べるように丁寧に書かれており，分かりやすい．

(Ⅳ) 実在流体力学

(**Ⅳ–1**) *Boundary-Layer Theory*, H. Schlichting, Springer, 2014

粘性流体力学について概説するとともに，層流境界層，遷移，乱流境界層などについて記述されており，境界層について学ぶのに最適なテキストである．

(**Ⅳ–2**)『気体力学 POD 版』，リープマン，ロシュコ，吉岡書店，2000

熱力学について概説するとともに，圧縮性流体力学について波動から超音速流まで詳細に記述されている．また，測定法，気体分子運動論についての記述もある．圧縮性流体力学の入門書として最適である．

(Ⅴ) 工学的応用

(**Ⅴ–1**)『流体工学』，古屋善正，村上光清，山田豊，朝倉書店，1982

流体力学について概説するとともに，流体機械，流体計測について詳しく述べられており，流体力学の工学的応用を学ぶのに適している．

(**Ⅴ–2**) *Transport Phenomena*, R. B. Bird, W. E. Stewart, E. N. Lightfoot, Wiley, 2006

運動量輸送，エネルギー輸送，質量輸送について詳しく記述されており，流体力学の工学的応用に関する優れたテキストである．付録にも有用な情報が記載されている．

索　引

あ 行

アインシュタインの縮約記法　120
アインシュタインの総和規約　24, 120
圧縮性流体　8
圧力　5
圧力損失　59
圧力方程式　64

一様流　81
一般化されたベルヌーイの定理　64, 66
一般気体定数　28

渦糸　43
渦管　43
渦管の強さ　46
渦線　43
渦度ベクトル　42
渦なし流れ　64
渦面　49
渦輪　46
運動エネルギー　54
運動量保存式　12
運動量保存の法則　12

エディントンのイプシロン　121

エネルギー保存式　12
エネルギー保存の法則　12
エントロピー　29

オイラー　13
オイラーの運動方程式　22
オイラーの連続方程式　17
応力　2, 5
置き換えテンソル　123
音速　8

か 行

解析関数　92, 127
回転　41
外力のポテンシャルエネルギー　54
ガウスの定理　20
角速度　41
完全流体　7

境界層　50
曲率　67
曲率半径　67
虚部　91

クッタ-ジューコフスキーの条件　114

索　　引

クッタ-ジューコフスキーの定理　109
クヌーセン数　4
クロネッカーデルタ　121

ケルヴィンの循環定理　48

後縁　114
交代テンソル　121
コーシーの積分定理　127
コーシー-リーマンの関係式　91

実部　91
質量保存式　12
質量保存の法則　12
ジューコフスキー変換　112
自由分子流　4
循環　44
循環定数　76

吸い込み　82
吸い込みの強さ　82
スカラー　120
ストークスの定理　44
すべり流　4
ずれ運動　40

静圧　55
静圧管　56
正則　127
正則関数　92, 127
接線応力　5

接線ベクトル　67
前縁　114
せん断運動　41

総圧　55
総圧管　56
速度ポテンシャル　72

た　行

体積ひずみ速度　40
多重連結　74
ダランベールのパラドックス　7, 109
断熱法則　120
単連結　74

縮み運動　40
張力　5
調和関数　73

抵抗　108
定常流れ　65
テンソル　5, 120

動圧　55
等エントロピー変化　29
等温変化　28
等角写像　110
等ポテンシャル面　62
特異点　82, 127
トリチェリの定理　55

な行

流れ関数　78

粘性　7
粘性流体　7

伸び運動　40

は行

発散　19
バロトロピー流体　29

非圧縮性流体　8
歪み　2
ピトー管　56
ピトー静圧管　56
比熱比　29
標準ピトー管　57

複素関数　91
複素速度　92
複素速度ポテンシャル　92
複素平面　91
複素変数　91
物質座標　13
物質微分　14
ブラジウスの第1公式　107
ブラジウスの第2公式　107

平均自由行程　3
並進運動　42

ベクトル　120
ベルヌーイ関数　54
ベルヌーイの定理　54, 66
ベルヌーイ面　65
ヘルムホルツの渦定理　49

ボイル-シャルルの法則　28
ボイルの法則　28
法線応力　5
法線ベクトル　5
保存力　62
ポテンシャルエネルギー　54

ま行

マッハ数　8

揚力　2
よどみ圧　55
よどみ点　36

ら行

ラグランジュ　13
ラグランジュの渦定理　7, 50
ラグランジュ微分　14
ラプラス演算子　73
ラプラス方程式　73
ランキンの卵形　138

流管　36
留数　129
留数定理　129

流跡線　37
流線　34
流線曲率の定理　68
流速積分　73
流脈線　38
流量　37

連結領域　74
連続体　3

ローラン級数　107

わ行

わき出し　82
わき出しの強さ　82

数字・欧字

2次元調和関数　90
2重極　84
2重わき出し　84
2重わき出しの強さ　84
2重わき出しモーメント　84, 98

著者略歴

宮内 敏雄(みやうち としお)

1973年　東京工業大学大学院理工学研究科機械工学専攻修士課程修了
　　　　東京工業大学工学部助手
1981年　工学博士(東京工業大学)
　　　　東京工業大学工学部助教授
1991年　スタンフォード大学客員准教授(1992年まで)
1992年　東京工業大学工学部教授
現　在　東京工業大学名誉教授

主要著書
「乱流工学ハンドブック」(朝倉書店) 共著
「燃焼の数値計算」(日本機械学会編, 丸善) 共著
「新編『伝熱工学の進展』第3巻」(日本機械学会編, 養賢堂) 共著
「乱流の数値流体力学－モデルと計算法」(東京大学出版会) 共著

店橋 護(たなはし まもる)

1992年　東京工業大学大学院理工学研究科機械物理工学専攻修士課程修了
　　　　東京工業大学工学部助手
1996年　博士(工学)(東京工業大学)
2000年　東京工業大学大学院理工学研究科機械宇宙システム専攻助教授
2007年　同准教授
現　在　東京工業大学大学院理工学研究科機械宇宙システム専攻教授

主要著書
「燃焼の数値計算」(日本機械学会編, 丸善) 共著
「数値流体力学ハンドブック」(丸善) 共著
「計算力学ハンドブック」(朝倉書店) 共著
「乱流工学ハンドブック」(朝倉書店) 共著

小林 宏充(こばやし ひろみち)

1998年　東京工業大学大学院総合理工学研究科創造エネルギー専攻博士後期課程修了, 博士(工学)
　　　　科学技術振興事業団研究員
1999年　慶應義塾大学法学部日吉物理学教室専任講師
2005年　スタンフォード大学 Center for Turbulence Research, Senior Visiting Fellow (2007年まで)
現　在　慶應義塾大学法学部日吉物理学教室教授

機械工学＝EKK–4
流体力学の基礎

2014年11月10日 ⓒ	初 版 発 行
2023年9月25日	初版第3刷発行

著 者	宮内敏雄	発行者	矢沢和俊
	店橋　護	印刷者	大道成則
	小林宏充	製本者	小西惠介

【発行】　　株式会社　数理工学社

〒151-0051　東京都渋谷区千駄ヶ谷1丁目3番25号
編集　☎(03)5474–8661（代）　　サイエンスビル

【発売】　　株式会社　サイエンス社

〒151-0051　東京都渋谷区千駄ヶ谷1丁目3番25号
営業　☎(03)5474–8500（代）　振替 00170–7–2387
FAX　☎(03)5474–8900

印刷 太洋社　　製本 ブックアート
《検印省略》

本書の内容を無断で複写複製することは，著作者および出版社の権利を侵害することがありますので，その場合にはあらかじめ小社あて許諾をお求め下さい．

ISBN978–4–86481–023–4
PRINTED IN JAPAN

サイエンス社・数理工学社の
ホームページのご案内
http://www.saiensu.co.jp
ご意見・ご要望は
suuri@saiensu.co.jp　まで．

━━━━ 機械工学 ━━━━

基礎から学ぶ 機械力学
山浦 弘著 2色刷・A5・上製・本体2200円

固体の弾塑性力学
小林・轟共著 2色刷・A5・上製・本体2200円

流体力学の基礎
宮内・店橋・小林共著 2色刷・A5・上製・本体1800円

機械設計工学の基礎
塚田忠夫著 2色刷・A5・上製・本体2400円

機械設計・製図の基礎[第2版]
塚田忠夫著 2色刷・A5・上製・本体1960円

新・工業力学
大熊政明著 2色刷・A5・上製・本体2500円

機械設計・製図の実際
塚田忠夫著 A5・上製・本体1900円

新・演習 工業力学
大熊政明著 2色刷・A5・並製・本体2200円

新・演習 機械製図
塚田・金田著 2色刷・A5・並製・本体2000円

＊表示価格は全て税抜きです．

━━━━ 発行・数理工学社／発売・サイエンス社 ━━━━